Diversidad de vida

Desarrollado en
The Lawrence Hall of Science,
University of California, Berkeley
Publicado y distribuido por
Delta Education,
a member of the School Specialty Family

1602396
978-1-64011-033-5
Printing 1 – 3/2018
Webcrafters, Madison, WI

Tabla de contenido

Lecturas

Los perros y todos los demás animales, desde los insectos más diminutos a las ballenas más grandes, son seres vivos. Sabemos que este perro está vivo, ¿pero cuál es tu evidencia científica?

Características de la vida en la Tierra

¿Cómo sabemos si algo está vivo? No es muy difícil saber si algunas cosas están vivas. Los perros que persiguen pelotas de tenis están vivos. Los peces que nadan en un lago están vivos. De hecho, los animales son las primeras cosas que aprendemos a reconocer como vivas.

¿Qué es la vida?

Las cosas que están vivas se llaman **organismos**. Cualquier cosa **viva** es un organismo. Pero no todos los organismos son animales. Las plantas son organismos.

No siempre es fácil saber si las plantas están vivas. No viajan, ni respiran, ni comen ni hacen sonidos. Aún así, están vivas y hay maneras de descubrir que son seres vivos.

Un águila pescadora cazando puede sumergirse hasta 1 metro en el agua para atrapar su presa. Este pez pronto estará muerto, o ya no estará vivo.

Vivo, muerto e no vivo

Una manera de pensar en la pregunta *¿Qué es la vida?* es pensar sobre qué hace que acabe la vida. Todos los organismos mueren después de un periodo de tiempo. Un organismo está **muerto** cuando ya no está vivo. Un pez fuera del agua morirá al poco tiempo. El pez sigue ahí, aún está formado por los mismos materiales, y sigue viéndose igual que cuando vivía en el agua, pero ya no está vivo. Esto es importante: algo solo puede estar muerto si antes estuvo vivo. Una roca nunca puede estar muerta, porque esa roca nunca estuvo viva. Describimos la roca como **no como**.

Los organismos vivos pueden describirse en relación a dos conjuntos de características. Una son las necesidades o requisitos que tienen que satisfacer todos los organismos para seguir vivos. La segunda son las **funciones** que realizan todos los organismos.

Todos los organismos tienen estructuras para intercambiar gases. Un chinche apestoso toma oxígeno y libera dióxido de carbono por agujeros de respiración en su abdomen.

¿Qué necesitan los organismos vivos?

¿Qué necesitas para estar vivo? Se dice que una persona puede vivir hasta 3 minutos sin aire, unos 3 días sin agua y unas 3 semanas sin **alimento**. Las personas necesitan aire, agua y alimento para permanecer vivos.

Tú respiras aire para permanecer vivo. Cuando aspiras, llevas oxígeno a tus pulmones, donde se disuelve en tu sangre. Cuando espiras, el dióxido de carbono, el vapor de agua y otros gases dejan tu cuerpo y entran en el aire. El proceso de mover gases hacia dentro y fuera de tu cuerpo se llama **intercambio de gases**. Las aves lo hacen, las abejas lo hacen, las lagartijas, los peces, los simios, los chinches apestosos e incluso lo árboles lo hacen. Todos los organismos vivos participan en el intercambio de gases, y los gases que se intercambian más comúnmente son el oxígeno y el dióxido de carbono.

Bebes agua para permanecer vivo. Incluso si no bebes agua pura, hay agua en las frutas, las verduras, los refrescos, la leche y todo lo demás que puedes comer y beber. El agua es esencial para la vida tal como la conocemos en la Tierra. Es así de simple: todos los organismos vivos necesitan agua.

Un escorpión tiene adaptaciones para vivir en un medio ambiente caliente y seco. Sus sensibles patas detectan las presas que se mueven en la arena; puede ralentizar su metabolismo para sobrevivir con muy poco alimento; y su duro y flexible esqueleto resiste la pérdida de agua.

Tú comes alimento para permanecer vivo. El alimento proporciona **energía**. La energía es necesaria para hacer que sucedan las cosas. No puedes moverte, respirar, ver, oír, pensar o hacer cualquier cosa sin energía. Todos los organismos usan energía para vivir.

El proceso de la vida crea subproductos que no son útiles para el organismo. De hecho, muchos subproductos son peligrosos para el organismo si se acumulan. Por esta razón, los organismos deben eliminar los productos de **desecho**. Estos pueden ser gases, líquidos o sólidos. Todos los organismos vivos eliminan desechos.

Es una verdad universal que todo tiene que estar en algún lugar. Para un organismo, ese algo es su **medio ambiente**. Todos los organismos viven en un medio ambiente que puede cubrir sus necesidades. Los organismos tienen **adaptaciones** que les permiten vivir en su medio ambiente.

Obtenemos energía para todos los procesos de vida de nuestro cuerpo de los alimentos que comemos.

El océano y los lagos son medio ambientes adecuados para los peces, que tienen adaptaciones como las branquias y las aletas. El desierto es un medio ambiente adecuado para los escorpiones, el bosque para los arces, el agua dulce y el suelo húmedo para los **paramecios**, etc.

Si el medio ambiente no es el adecuado, un organismo no sobrevivirá. Algunos organismos forman **esporas** protectoras o cápsulas para sobrevivir épocas desfavorables. Estas esporas no parece que vivan. Están **latentes**. Pero cuando se dan las circunstancias adecuadas, de repente comienzan a mostrar las características de la vida. Siempre estaban vivas, pero ahora lo puedes saber.

Cinco necesidades básicas son comunes a todos los organismos vivos. Son las necesidades de

- intercambio de gases,
- agua,
- energía (alimento),
- eliminar desechos y
- un medio ambiente adecuado.

Como todos los seres vivos, los arces prosperan en un medio ambiente en particular: un bosque templado con suelo rico y bien drenado. Los arces tolera la sobra del bosque y las hojas que dejan caer cada otoño mantienen el suelo ácido y reciclan los nutrientes.

¿Qué hacen los organismos vivos?

Una vez que se cubren las necesidades básicas de un organismo, sigue adelante con el proceso de la vida. Cuando ocurren cosas en el medio ambiente, los organismos responden. Todos los organismos responden al medio ambiente.

Los peces se alejan nadando cuando el león marino se acerca. El escorpión se desliza debajo de una roca cuando el Sol calienta el suelo. Las hojas de un arce se vuelven naranjas y se caen en otoño. Todas estas son **respuestas** al medio ambiente.

Cuando los organismos comienzan la vida, son pequeños. Con el paso del tiempo se hacen más grandes. Un aumento de tamaño se llama **crecimiento**. Los bloques de construcción químicos para el crecimiento vienen del alimento y el agua y del medio ambiente en forma de minerales. Todos los organismos crecen.

Los organismos no viven para siempre. Para asegurar que la **especie** (un tipo de organismo) sobrevive, los organismos vivos crean sus propios organismos de su clase. **Se reproducen**. No todos los organismos individuales se reproducen, pero cada **población** de organismos se reproduce para mantener viva la especie.

Todos los organismos responden al medio ambiente, crecen y se reproducen.

Una tortuga como esta *Pseudemys* realiza las mismas funciones esenciales de todos los demás organismos vivos. Responde al peligro escondiéndose en su caparazón, crece hasta que su duro caparazón mide unos 40 cm de largo y se reproduce poniendo nidadas de unos 20 huevos.

Una última característica

Hay una característica más que es común a todos los organismos vivos. Esa característica no se comenta en este artículo, pero se presentará en el futuro próximo. ¿Se te ocurre cuál puede ser esa característica? Es cierta para ti, para las tortugas y los escarabajos, para los olmos y los musgos y para todos los diminutos organismos demasiado pequeños para verse a simple vista.

A veces es difícil decidir si algo está vivo. Un carro que baja por la carretera intercambia gases, y una lavadora necesita agua. Una vela que arde usa energía, y una hoguera produce desechos. Una alarma de incendios responde al medio ambiente, las nubes crecen y la Fábrica de Moneda de EE. UU. produce nuevos billetes de dólar continuamente.

Una característica, o incluso tres o cuatro, no hace que un objeto cualifique para unirse a la categoría de los seres vivos. Para cualificar como organismo vivo, un objeto debe cumplir los ocho criterios.

Preguntas para pensar

1. **¿Qué es un organismo?**
2. **¿Cuáles son las necesidades básicas de los organismos vivos?**
3. **¿Qué funciones realizan los organismos vivos?**
4. **¿Por qué crees que el movimiento no se considera una característica de la vida?**
5. **¿Bajo qué circunstancias puede un organismo vivo no parecer vivo?**
6. **¿Cuál es la diferencia entre vivo, no vivo y muerto?**

La historia del microscopio

En el pasado reciente, alguien tomó un objeto transparente y curvado y descubrió que hacía que las cosas se vieran más grandes.

Diseñar un microscopio

Los libros romanos del primer siglo EC hablan de lupas. Para el año 1000 EC, las personas usaban esferas de vidrio, llamadas piedras de lectura, que ampliaban el texto. El **microscopio** más temprano era solo un tubo con una lente en la parte de arriba. Probablemente no ampliara más de diez aumentos. Como era útil para ver criaturas diminutas como las pulgas, se llamó vidrio de pulgas. En 1595, se construyó el primer **microscopio compuesto** con dos lentes. Los científicos podían ver el mundo microscópico con detalle por primera vez. Las mejoras en el diseño y los avances en la tecnología han continuado desde entonces. Ahora podemos ver detalles de los organismos más pequeños. ¡Podemos incluso ver sustancias a nivel de los átomos!

Un microscopio normal de un salón de ciencias incluye una pieza ocular, múltiples lentes, una fuente de luz, luz y controles de enfoque, y una plataforma donde se coloca el espécimen. Los estudiantes pueden ver detalles celulares intrincados con una amplificación de hasta 400 aumentos.

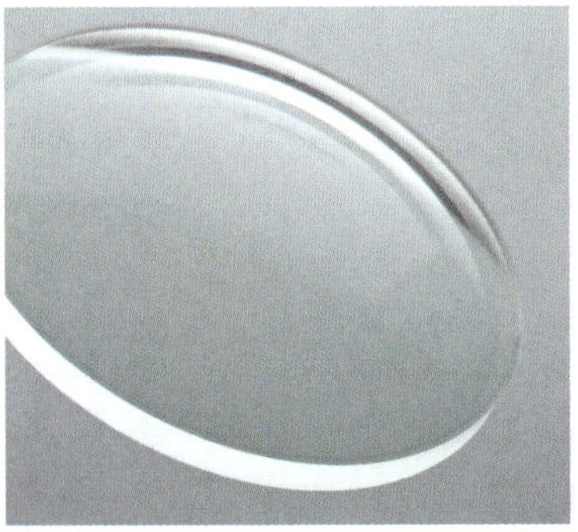

Una lente convexa es más gruesa en el medio que en los extremos. Dobla los rayos de luz de manera que convergen, o se encuentran, y producen una imagen ampliada de un objeto.

Microscopio	Científico	Descripción
		1595. Zacharias Janssen (1580–1638) y su padre, Hans, eran ópticos holandeses que hacían anteojos. Ponían varias lentes en un tubo para crear el primer microscopio compuesto conocido. Esta mejora produjo una ampliación mayor que la de cualquier lupa simple.
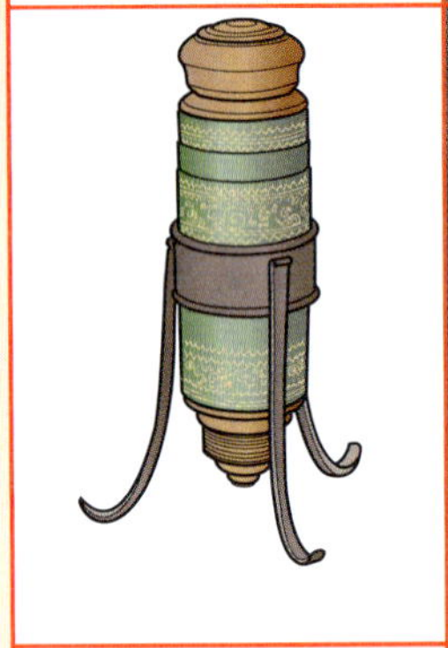		1600. Galileo Galilei (1564–1642), conocido como el padre de la astronomía, usó un telescopio para observar el cielo. También descubrió que un telescopio podía usarse para ampliar insectos. Desarrolló un microscopio con un mecanismo de enfoque. El microscopio compuesto de Galileo tenía tanto una lente convexa (con forma de lenteja) como una lente cóncava (curvada de forma opuesta).
		1660. Antoni van Leeuwenhoek (1632–1723) construyó un microscopio sencillo con tan solo una lente. Inventó métodos para pulir y dar lustre a las lentes que fueron los más avanzados de aquel tiempo. Consistían en curvaturas extremas y una ampliación de hasta 270 aumentos. Con este microscopio, vio bacterias, levadura, células sanguíneas y muchos "animales" diminutos (los llamaba *animalcule*) que nadaban en una gota de agua.
		1660. Robert Hooke (1635–1703) era un científico inglés. Hizo una copia del microscopio ligero de Leeuwenhoek y mejoró el diseño. Miró el corcho y observó que dentro tenía células. Hooke confirmó el descubrimiento de Leeuwenhoek de organismos diminutos en una gota de agua. Escribió un libro llamado *Micrographia* que documentaba muchas de las observaciones realizadas con su microscopio.

Microscopio	Científico	Descripción
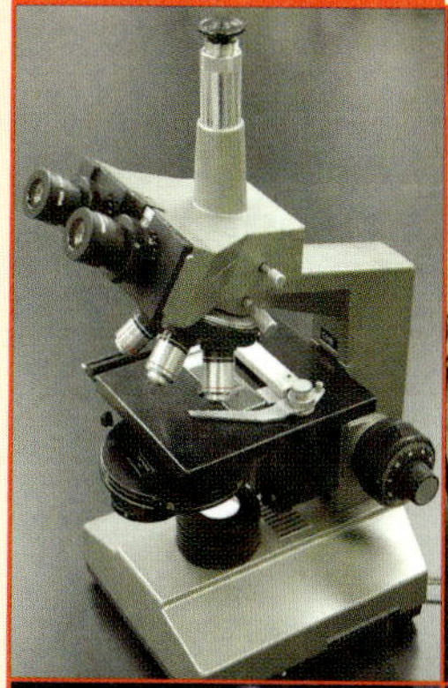	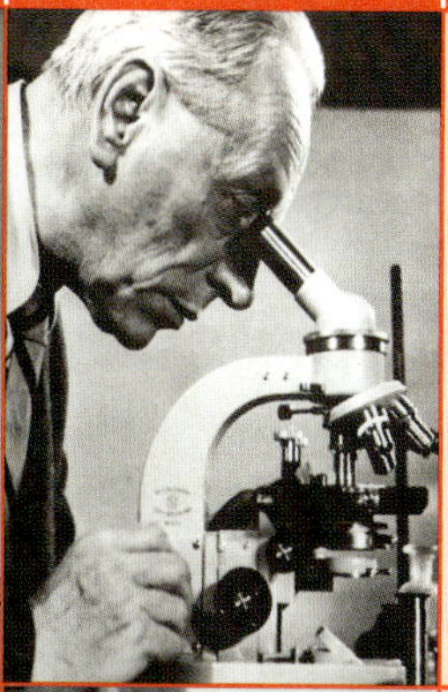	1930. Hubieron muchas pequeñas mejoras en los microscopios después del siglo XVII. El siguiente gran avance fue en 1930, cuando Frits Zernike (1888–1966) inventó el microscopio de contraste de fases. Hasta entonces, las estructuras de células e hacían visibles con la tinción, un proceso que mataba las células. El microscopio de contraste de fases hizo posible estudiar células vivas. Zernike ganó el Premio Nobel de Física en 1953 por su trabajo.
		1930. Ernst Ruska (1906–1988) y Max Knoll (1897–1969) inventaron el microscopio de electrones. Un microscopio de luz visible se usa para objetos mayores que la mitad de la longitud de onda de la luz visible, unos 0.275 micrómetros (µm). Para ver partículas más pequeñas, debemos usar "iluminación" con una longitud de onda más corta que la luz visible. Un microscopio de electrones los acelera hasta que su longitud de onda es una cienmilésima de la luz visible. Pueden verse objetos tan pequeños como el diámetro de un **átomo**. Ruska ganó el Premio Nobel en Física en 1986.
		1980. Gerd Binnig (1947–) y Heinrich Rohrer (1933–2013) inventaron el microscopio de efecto túnel. Da imágenes tridimensionales de objetos tan pequeños como los átomos. Binnig y Rohrer ganaron el Premio Nobel en Física en 1986 por su trabajo. El microscopio de efecto túnel sigue siendo uno de los microscopios más potentes.
		2015. Basado en la investigación y el trabajo de Akira Tonomura (1942–2012), el microscopio holográfico de resolución atómica es el más potente del mundo. Los científicos pueden ver dentro de los átomos y distinguir entre dos puntos a no más de 43 picómetros (pm) de distancia, es decir, 43 billonésimas de un metro. Esto es menos que la mitad del radio de la mayoría de los átomos. Aunque este microscopio no se usa para observar materiales vivos, es el primero que puede ayudar a los científicos a visualizar campos electromagnéticos a nivel atómico.

El asombroso paramecio

La mayoría de los paramecios son invisibles a simple vista. ¿Cómo puede algo tan pequeño estar vivo? ¿Muestran características de la vida?

Observar paramecios

Los paramecios son **organismos unicelulares** de forma ovalada. Son miembros de un gran grupo de organismos diminutos llamados **protistas**. Hay más de 50,000 tipos de protistas. Hay más tipos diferentes de protistas que de todos los tipos diferentes de mamíferos, peces y aves juntos.

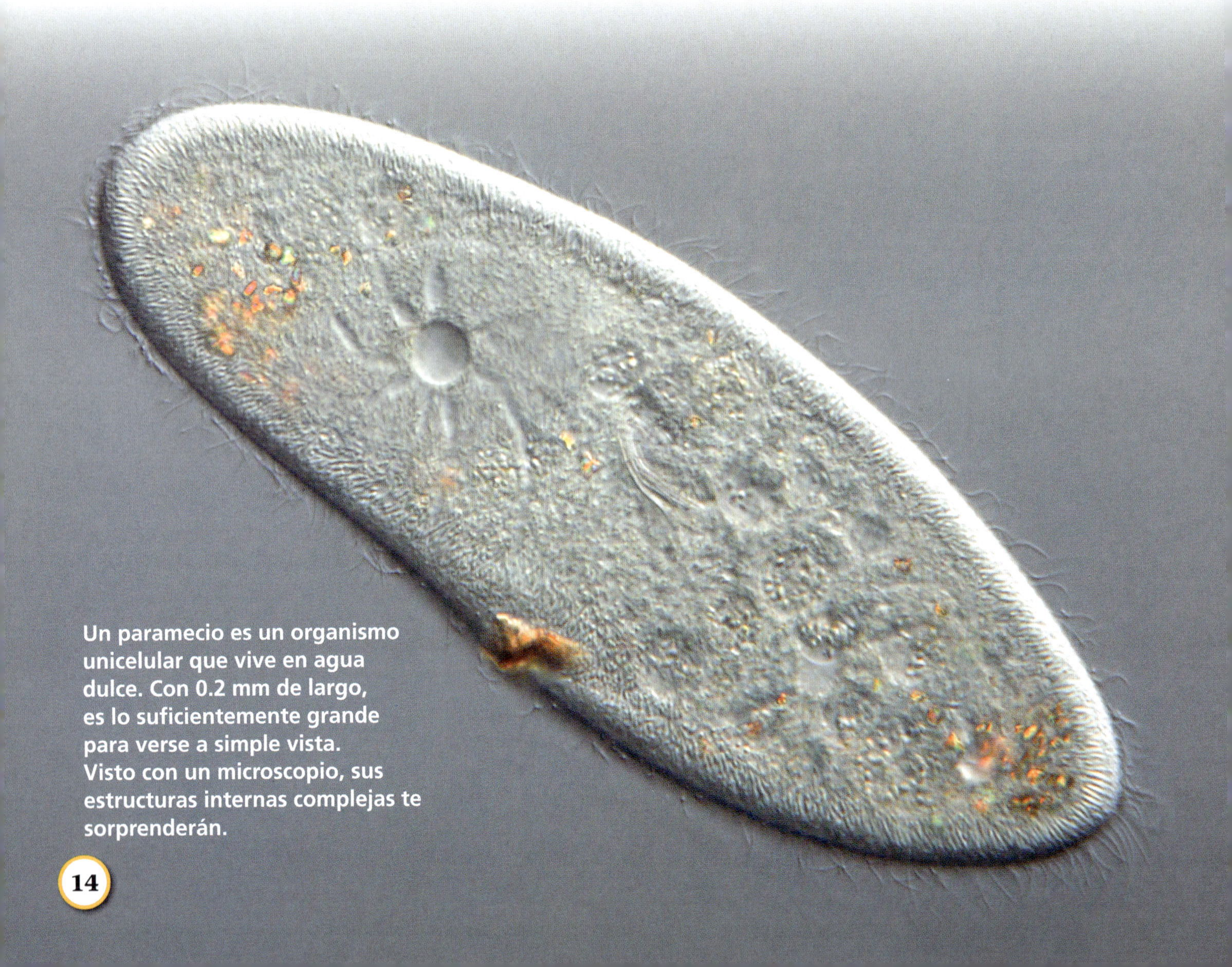

Un paramecio es un organismo unicelular que vive en agua dulce. Con 0.2 mm de largo, es lo suficientemente grande para verse a simple vista. Visto con un microscopio, sus estructuras internas complejas te sorprenderán.

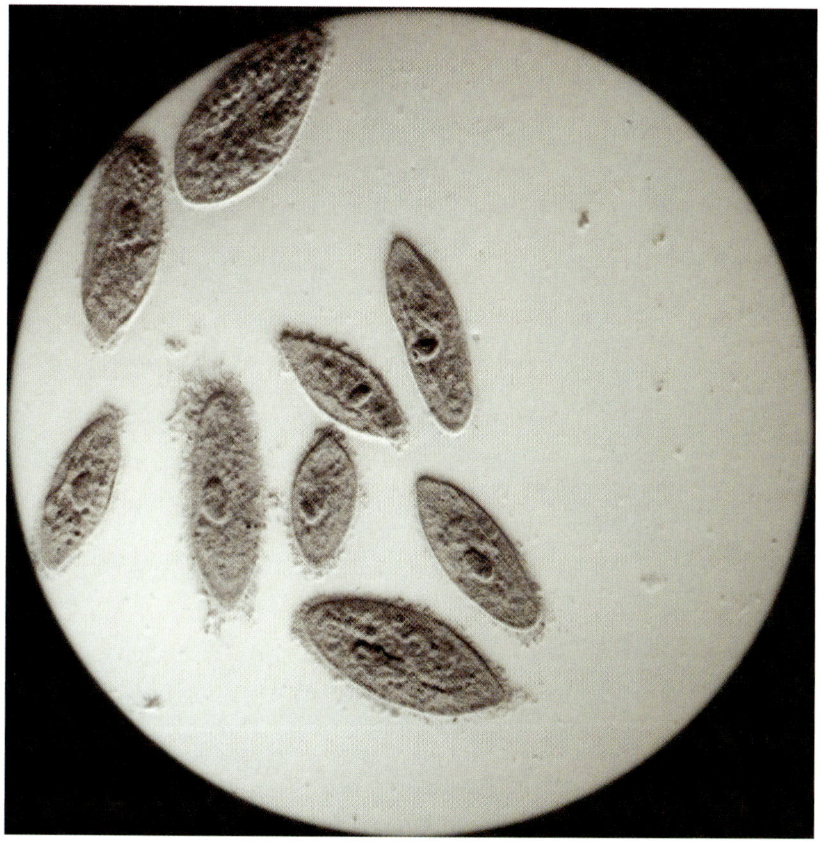

Los paramecios tienden a congregarse alrededor de fuentes de alimento.

Podemos estar bastante seguros de que la primera persona que observó paramecios fue el biólogo holandés Antoni van Leeuwenhoek (1632–1723). A mitad del siglo XVII, pasó mucho tiempo observando cosas por sus sencillos microscopios. Leeuwenhoek informó sobre diminutos objetos que nadaban alrededor de gotas de agua. Los llamó *animalcules*, pensando que eran animales microscópicos diminutos. Ahora sabemos que las protistas no son animales. Son organismos unicelulares que viven de forma independiente.

Una célula lo hace todo

En las plantas, que están hechas de muchas **células**, las células individuales pueden especializarse en fabricar alimento o en mover agua. En los animales, grupos de células pueden especializarse en eliminar desechos, digerir alimento o sentir el medio ambiente. En las protistas unicelulares, la célula única debe hacer todas las cosas que se hacen por los esfuerzos coordinados de muchas células en una planta o animal. Cada protista responde a su medio ambiente, obtiene alimento, intercambia gases, elimina desechos, crece, se reproduce y usa agua.

Cuando usas un microscopio a 400 aumentos, puedes ver varios tipos de **estructuras celulares** llamadas **orgánulos** dentro del paramecio. Los orgánulos son las "tripas" del paramecio. Los orgánulos tienen trabajos específicos que le permiten al paramecio cubrir sus necesidades vitales y realizar funciones vitales. Tienes **órganos**, como el corazón y los riñones, que realizan trabajos específicos en tu cuerpo. El paramecio tiene **vacuolas** y mitocondrias.

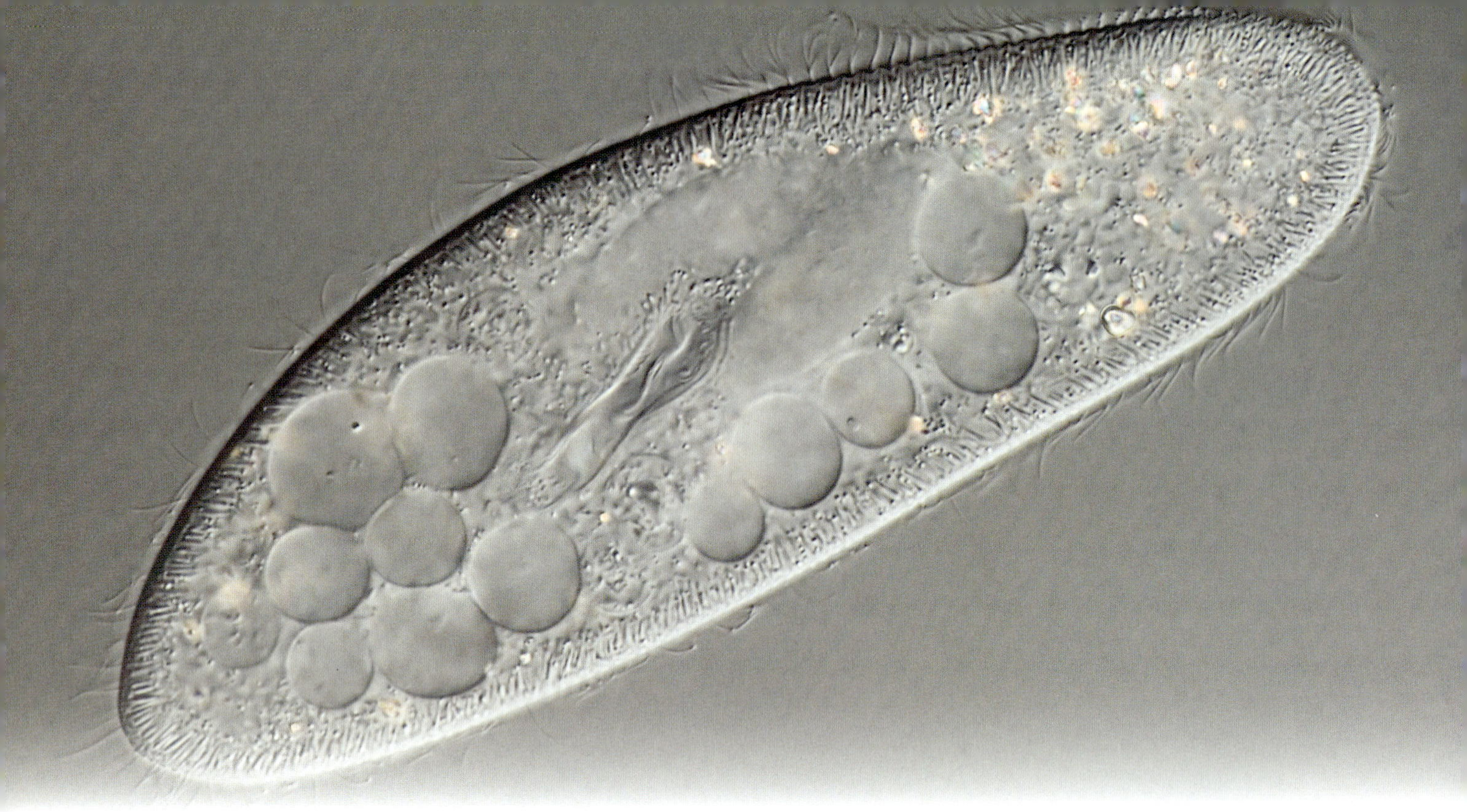

Los paramecios microscópicos están cubiertos de proyecciones como diminutos pelillos llamados cilios. El organismo agita los cilios hacia delante y hacia atrás para nadar y para arrastrar alimento como bacterias y algas hacia su abertura bucal.

Los paramecios están cubiertos de filas de **estructuras** microscópicas como pelos llamados **cilios**. *Cili* significa pelo pequeño. Los cilios se mueven hacia delante y hacia atrás en ondas. Mueven el paramecio por el agua. Los cilios son cortos, lo que le da al paramecio un aspecto de tener pelo cortado al rape. Son tan finos que son difíciles de ver incluso con un microscopio de 400 aumentos. Los cilios mueven agua alrededor del paramecio. Si observas de cerca, puedes ver diminutas partículas de restos que se mueven en el agua cerca del paramecio. A partir de este movimiento, puedes **inferir** (averiguar) que los cilios se mueven, aunque no puedas verlos.

¿Qué mantiene junto al paramecio?

Cuando observaste un paramecio en clase, probablemente te diste cuenta de las formas y texturas dentro de la célula. Debe haber algo como piel alrededor de la célula, que mantenga junto al paramecio. La "piel" del paramecio se llama **membrana celular**. Todas las células tienen una, ya sean protistas libres o células en un organismo más grande.

La membrana es una de las estructuras más importantes de la célula. Mantiene las estructuras de la célula y los fluidos en el interior, y todo lo demás en el exterior. Si la membrana celular se rompe, la célula se muere lentamente. Pocos materiales, como el agua, el oxígeno y el dióxido de carbono, pueden pasar por la membrana. La mayoría de los demás materiales no pueden. Entonces, ¿cómo obtiene el alimento y los nutrientes que necesita el paramecio para seguir vivo? ¿Cómo entran los nutrientes en la célula?

¿Cómo se alimentan?

Los alimentos unicelulares no tienen bocas que abren para tomar alimento como los animales. Los paramecios tienen un pliegue en la membrana, llamado **abertura bucal** para tomar alimento. Este pliegue está a lo largo de uno de los lados de la célula. Cuando los cilios se mueven hacia delante y hacia atrás, arrastran materiales del agua hacia la abertura bucal.

Si el material es nutritivo, los lados de la abertura bucal se doblan sobre el alimento y lo sellan en un paquete llamado vacuola alimenticia. La vacuola alimenticia se mueve por el interior del paramecio. Cuando los paramecios consumen **levadura** tintada de rojo, puedes ver las vacuolas de alimento rojas.

Las **enzimas digestivas** descomponen los alimentos mientras está dentro de la vacuola alimenticia. El alimento digerido se mueve por las paredes de la vacuola. Entonces los nutrientes están disponibles para que otras partes de la célula tengan energía y creen nuevas partes celulares.

Al digerirse el alimento, la vacuola alimenticia se vuelve más y más pequeña. Cuando la célula ha digerido todos los nutrientes de la vacuola alimenticia, la vacuola se mueve a la membrana celular. El desecho se elimina de la célula a través de la membrana.

El paramecio toma alimento y extrae el desecho sin abrir nunca la membrana celular. El interior de las células nunca está expuesto al exterior del medio ambiente.

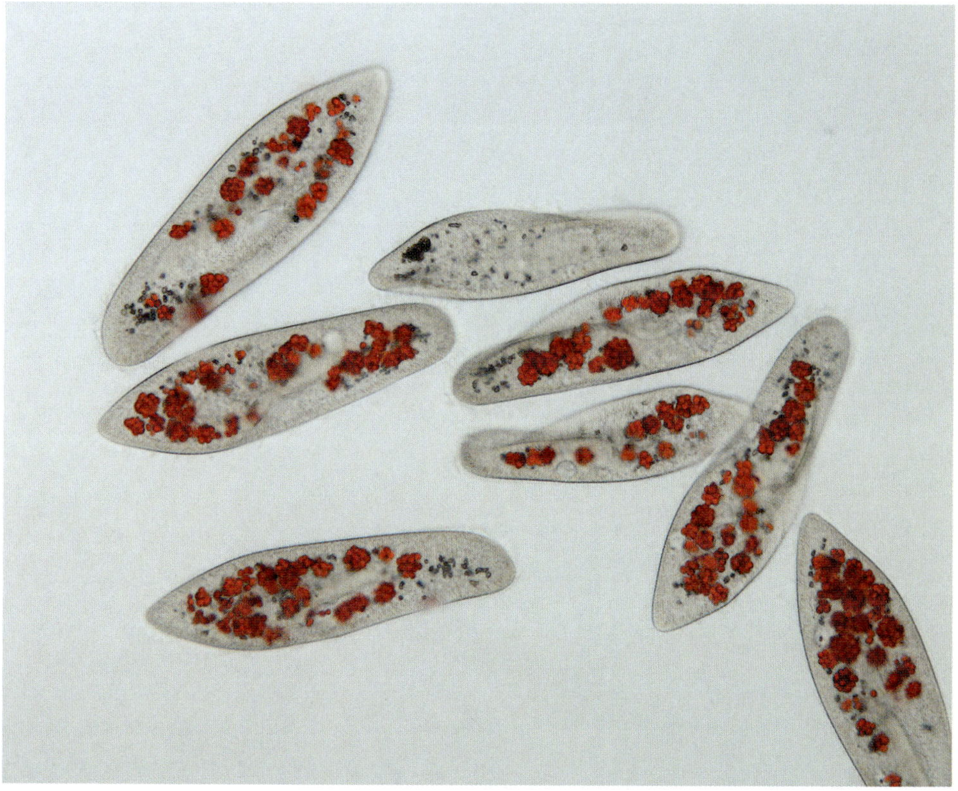

La levadura tintada de rojo es claramente visible en las vacuolas de alimento de los paramecios.

Los paramecios también beben

Las células están constantemente tomando agua de su alrededor. Todas las células necesitan un suministro continuo de agua para producir energía, reparar partes gastadas y realizar todos los procesos esenciales. Con el agua entrando constantemente en la célula, ¿por qué no explota la célula? Tiene que eliminar el agua extra.

El paramecio tiene **vacuolas contráctiles** en ambos extremos de la célula. Estos orgánulos recogen el agua extra de la célula, además de parte de los desechos, y la eliminan fuera de la célula. Funcionan de manera parecida a los riñones de tu cuerpo. Puede que hayas visto vacuolas contráctiles en los paramecios que estudiaste. Parecen circulitos transparentes. Crecen durante varios segundos y de repente se vuelven pequeños otra vez cuando el agua sale por un diminuto poro en la membrana celular.

Respuesta al medio ambiente

Los paramecios nadan constantemente buscando alimento. Una de las pocas veces en las que se paran es cuando están alimentándose. Normalmente evitan zonas frías o calientes y sustancias químicas dañinas nadando lejos del peligro. A veces su **comportamiento** parece divertido. Puede que las hayas observado nadando en recto hasta que chocan con algo, luego retroceden, giran y nadan en otra dirección. No es muy elegante, pero funciona.

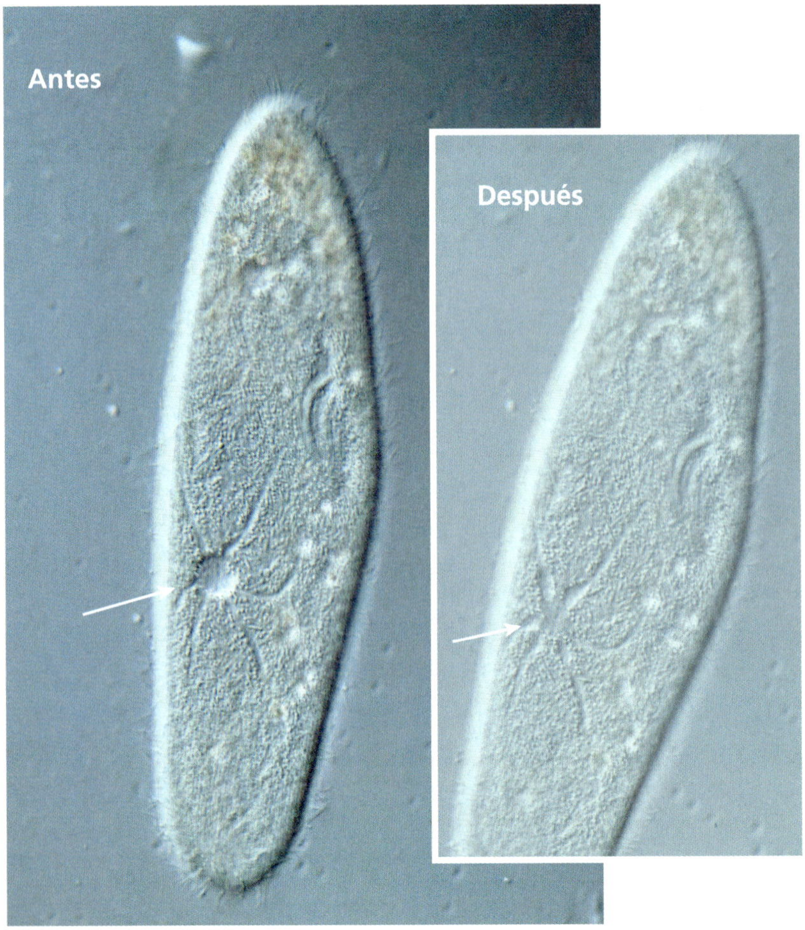

Las flechas señalan una vacuola contráctil en el paramecio antes y después de eliminar desechos.

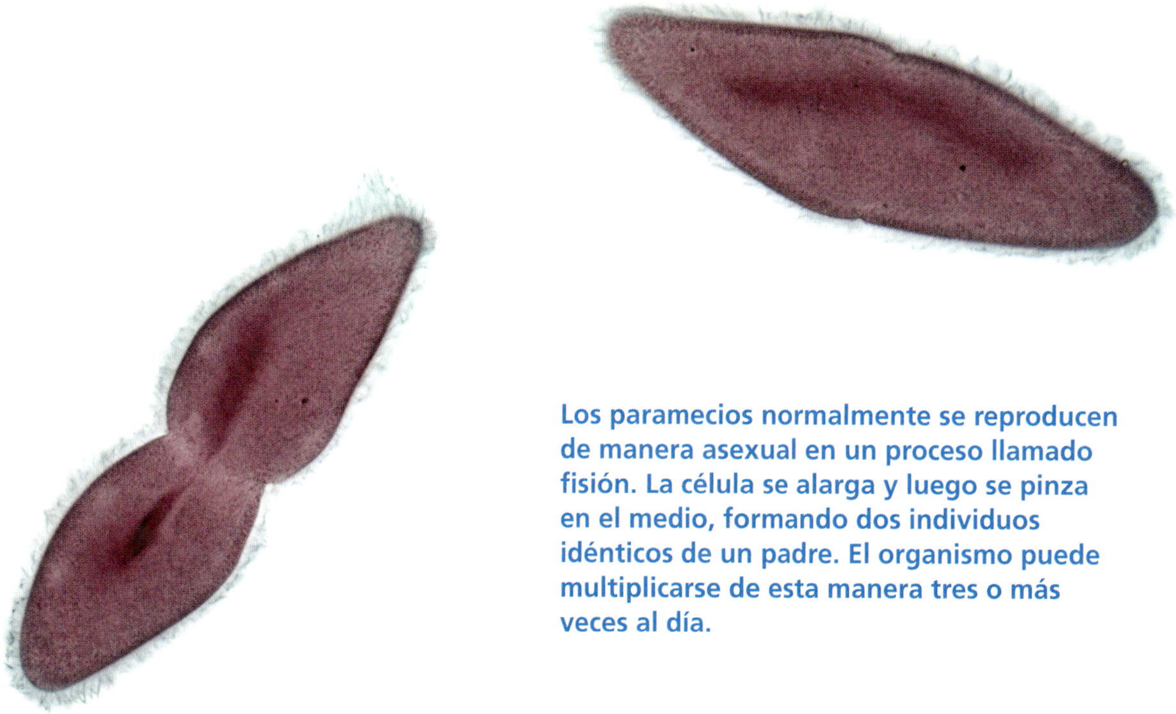

Los paramecios normalmente se reproducen de manera asexual en un proceso llamado fisión. La célula se alarga y luego se pinza en el medio, formando dos individuos idénticos de un padre. El organismo puede multiplicarse de esta manera tres o más veces al día.

Reproducción

La mayor parte del tiempo, los paramecios se reproducen por reproducción celular, una forma de **reproducción asexual**. Crecen más grandes y forman duplicados de todas las estructuras de la célula. Cuando la célula alcanza un determinado tamaño, se pinza en el medio, como muestra la imagen de esta página. Al final, se divide en dos. Cada célula nueva es una copia perfecta de la original, pero la mitad de grande. Se llaman **células hijas**, y la original se llama célula madre. Aunque se llaman madre e hijas, no son hembra. A diferencia de la mayoría de plantas y animales, no hay protistas macho y hembra. La **reproducción sexual** raramente ocurre para las protistas.

Después de que se divide la célula madre, deja de existir. ¡Se ha convertido en dos paramecios nuevos! Las células hijas comienzan inmediatamente a hacer las cosas que hacen todos los organismos. Toman alimento y agua y eliminan desechos. El alimento proporciona la energía para la vida y los materiales de construcción para crecer. Cuando los paramecios se mueven por su medio ambiente acuoso, están respondiendo constantemente a alimentos y condiciones peligrosas para mejorar sus probabilidades de sobrevivir.

Las vidas de los paramecios y los humanos son muy diferentes. Pero aunque somos muy diferentes de estas diminutas protistas, es asombroso pensar en las muchas maneras en que somos similares. Las características de la vida unen a todos los organismos de la Tierra.

Preguntas para pensar

1. **¿Por qué es importante la membrana celular?**
2. **¿Cuáles son dos funciones de los cilios?**
3. **¿Cuáles son las funciones de la vacuola contráctil?**
4. **Describe el proceso usado por los paramecios y la mayoría de protistas para reproducirse.**

Células

"¿Por qué deben importarnos las células?". Esta es una pregunta razonable.

La importancia de las células

No puedes verlas, y quizá no hayas oído mucho sobre ellas, entonces, ¿por qué importan?

Bueno, primero de todo, la vida en la Tierra existe como células.

"Espera", dirás, "yo no soy una célula". Y tienes razón al 100 por cien. Pero estás hecho de células, como células nerviosas, células del hígado, células pulmonares, células sanguíneas, células musculares y muchas más.

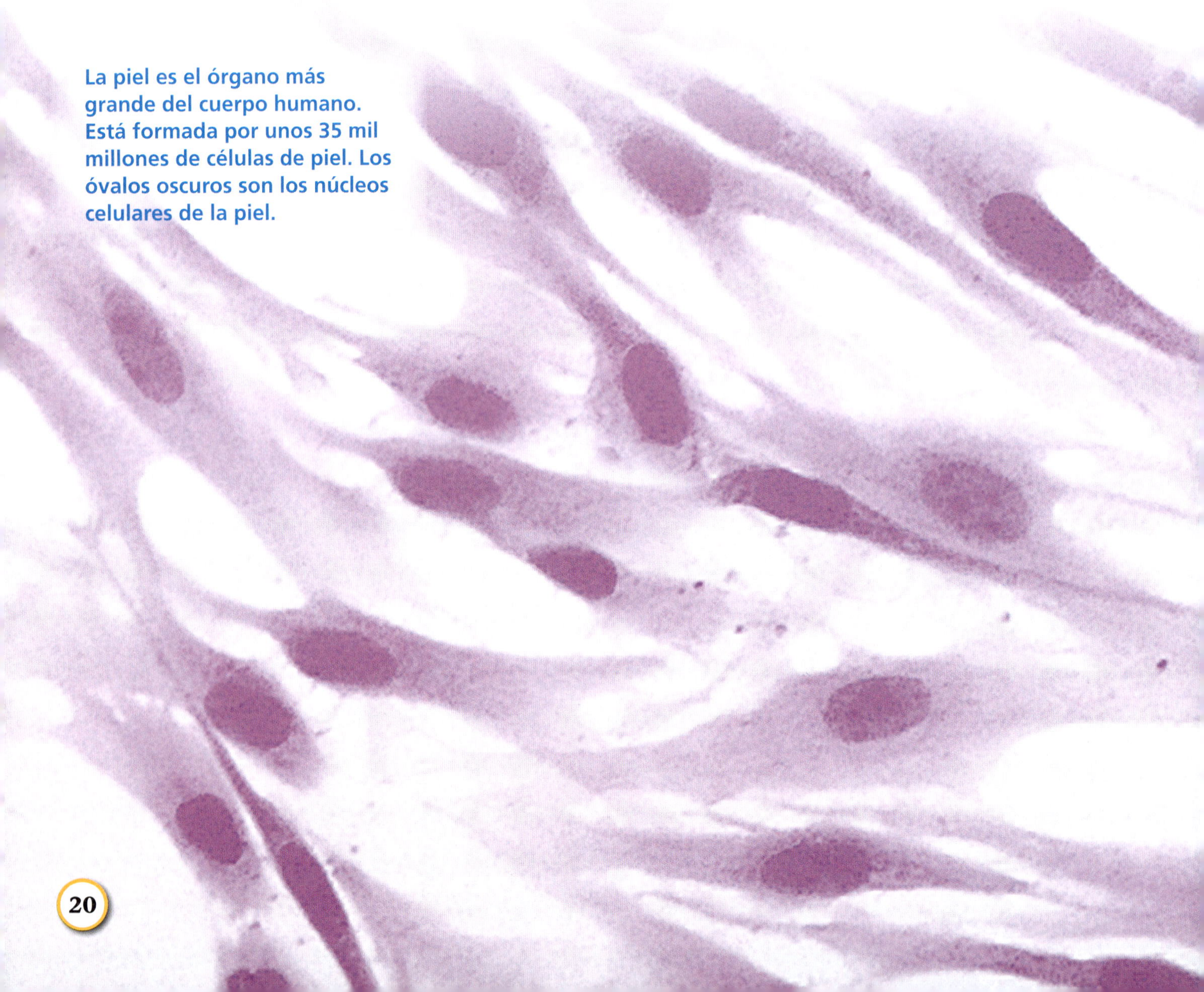

La piel es el órgano más grande del cuerpo humano. Está formada por unos 35 mil millones de células de piel. Los óvalos oscuros son los núcleos celulares de la piel.

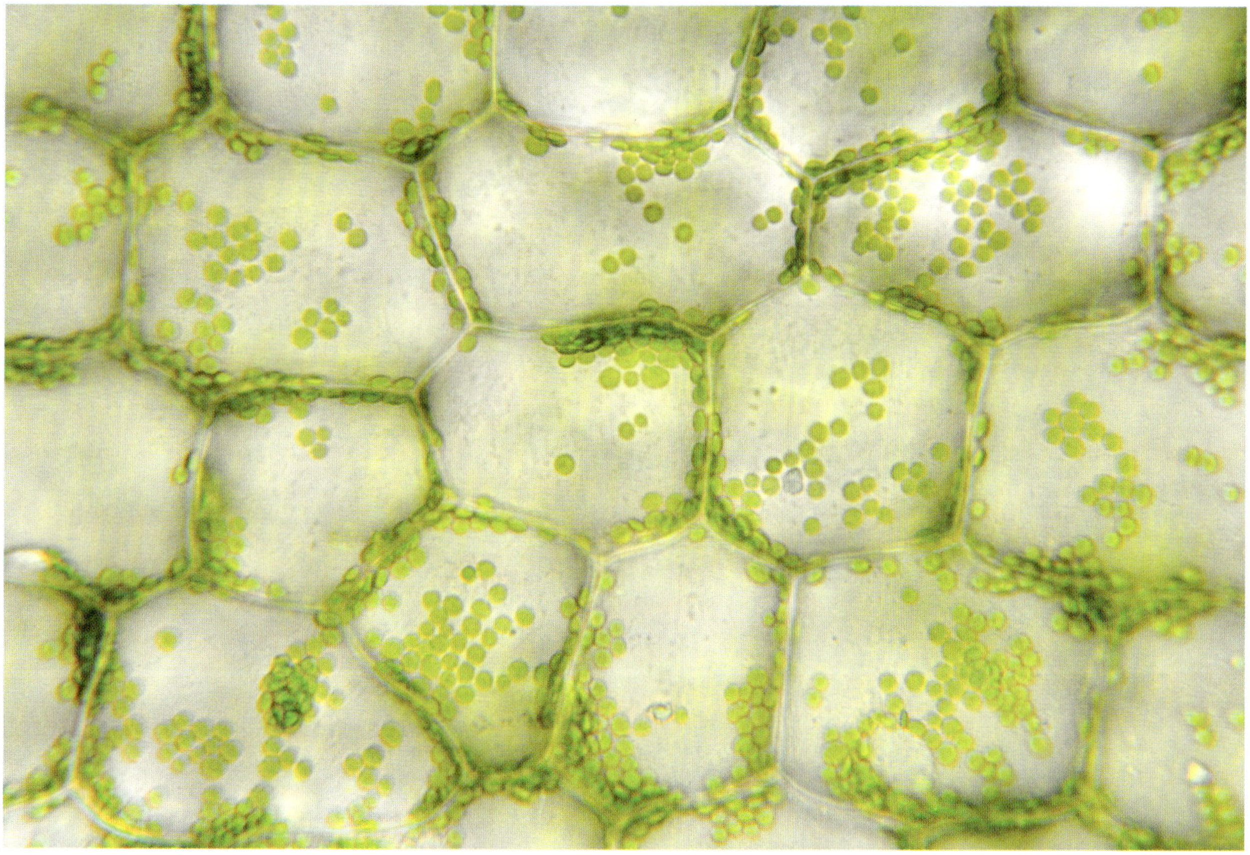

Las células de las hojas de esta elodea, o hierba acuática, son como las de la mayoría de las células vegetales. Un muro celular rígido le da a la célula su forma de caja, y los círculos verdes son cloroplastos, donde la planta fabrica su propio alimento.

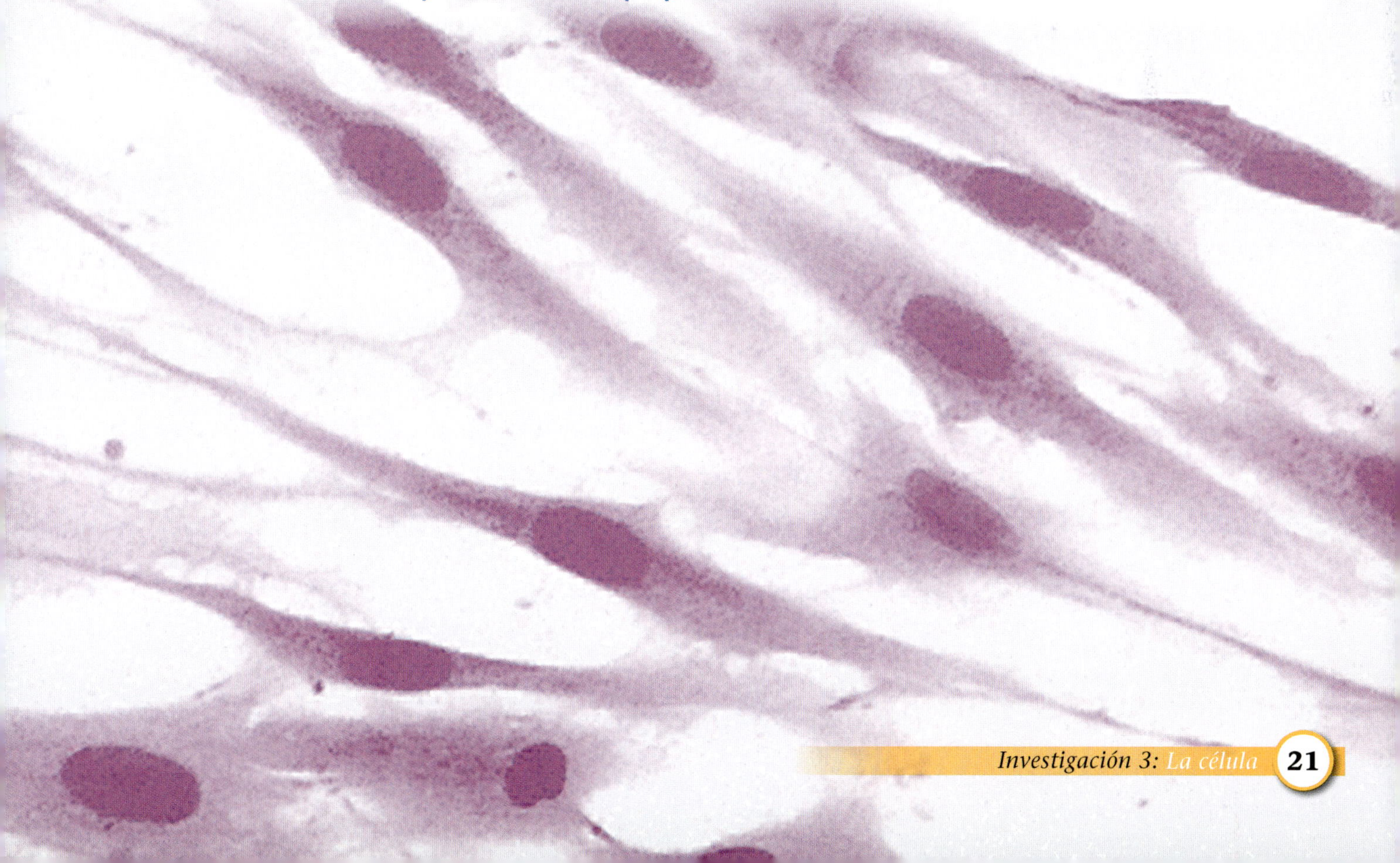

No solo eso, todas los seres vivos están formados por células. Algunos organismos, incluidos los **insectos**, los árboles, los gusanos, los hongos y el gato del vecino son **organismos multicelulares**. Eso significa que están formados por millones, incluso billones, de células. De hecho, el cuerpo humano adulto está formado por unos 60 a 90 billones de células.

¿Sabías esto?

Si alinearas todas las células en un cuerpo humano de extremo a extremo, ¡podrías darle la vuelta a la Tierra más de cuatro veces!

La mayoría de los organismos, sin embargo, son de una única célula, o unicelulares. Consisten en una célula. Los organismos como las **bacterias**, las **arqueas**, los paramecios y otros protistas están todos formados por una célula. ¡Es asombroso! ¿Cómo puede ser algo vivo una única célula microscópica? Surge la pregunta de *"¿Están vivas las células?"*. ¿Qué crees tú?

Todas las células muestran *todas* las características de la vida, incluso si forman parte de un organismo más grande. Cada célula realiza el trabajo necesario para sustentar la vida. Antes de averiguar cómo hacen esto, echemos un vistazo a cómo se descubrieron las células.

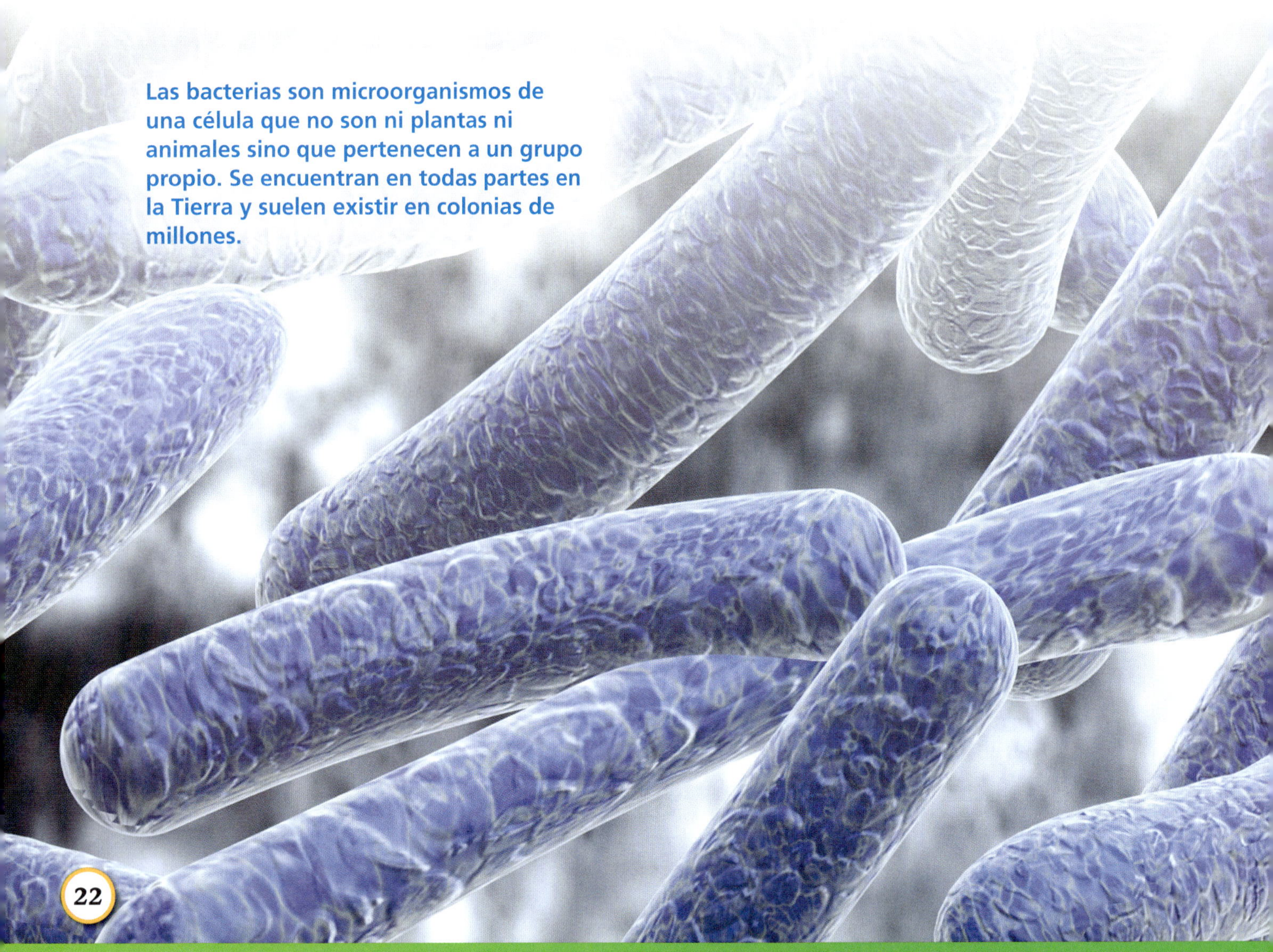

Las bacterias son microorganismos de una célula que no son ni plantas ni animales sino que pertenecen a un grupo propio. Se encuentran en todas partes en la Tierra y suelen existir en colonias de millones.

El descubrimiento de las células

Hasta el siglo XVII, nadie tenía ni idea de que toda la vida estaba formada por células. No había manera de ver las células. La tecnología no existía hasta que los fabricantes de vidrios para lentes en Europa desarrollaron lentes que ampliaban lo que estaban mirando. Este descubrimiento llevó a la invención del microscopio compuesto.

La invención de los microscopios llevó al descubrimiento de las células. En 1665, Robert Hooke (1635–1703) observó una muestra de corcho bajo el microscopio. Lo que vio en el **campo de visión** le recordó a las filas de pequeñas habitaciones de un monasterio, o las celdas (en latín, *cuarto pequeño*). Dibujó las células a **escala** para identificar sus estructuras y comenzar a analizar sus funciones.

Alrededor de esa misma época, Antoni van Leeuwenhoek observó muestras de agua transparente de estanque con su microscopio. Le asombró encontrar unas cositas que nadaban en ella. Su definición de la vida no era tan sofisticada como la que usamos ahora, pero concluyó con acierto que esas cosas que nadaban eran organismos vivos. Pronto los encontró por todas partes, incluso en su propia boca.

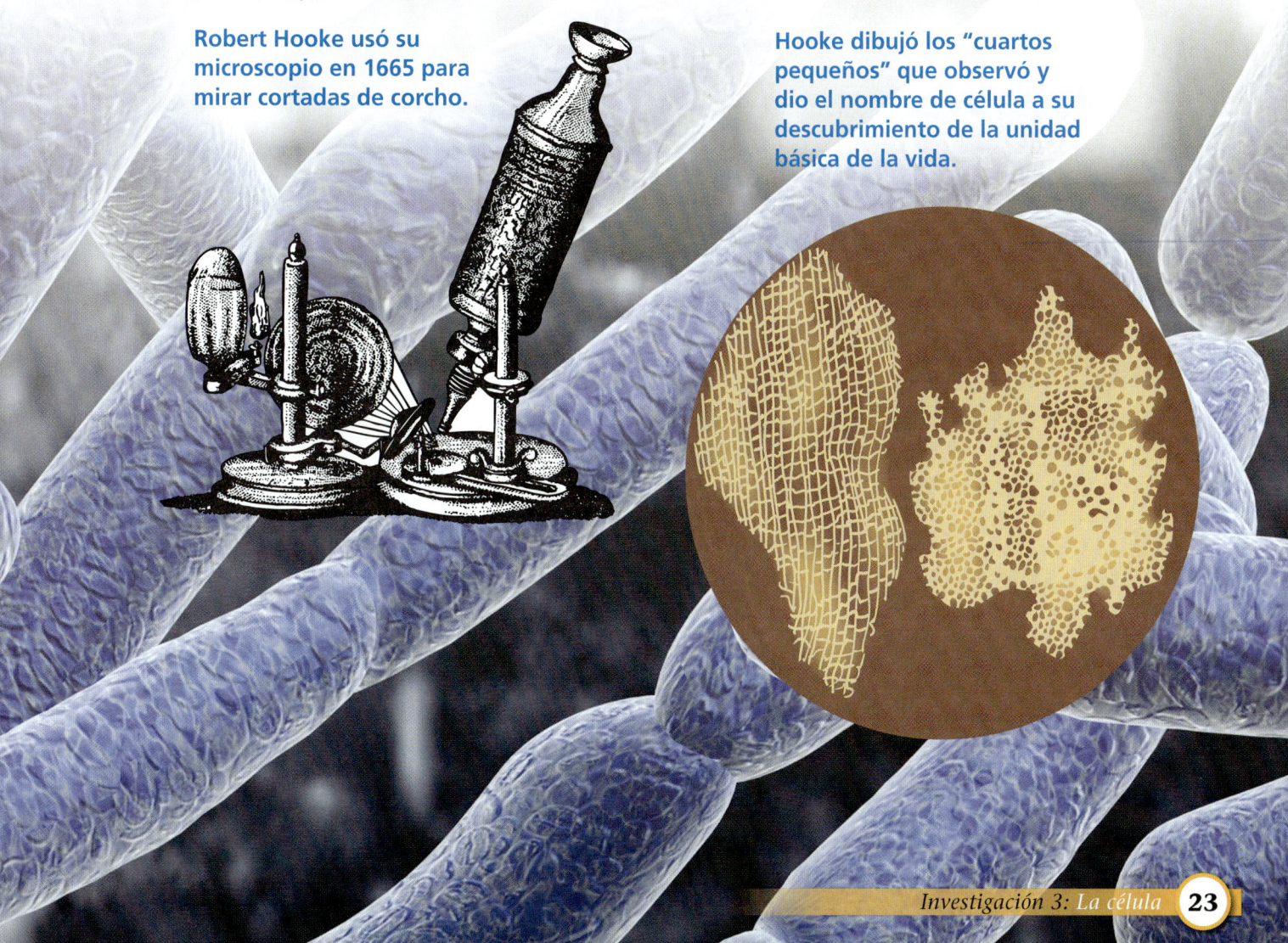

Robert Hooke usó su microscopio en 1665 para mirar cortadas de corcho.

Hooke dibujó los "cuartos pequeños" que observó y dio el nombre de célula a su descubrimiento de la unidad básica de la vida.

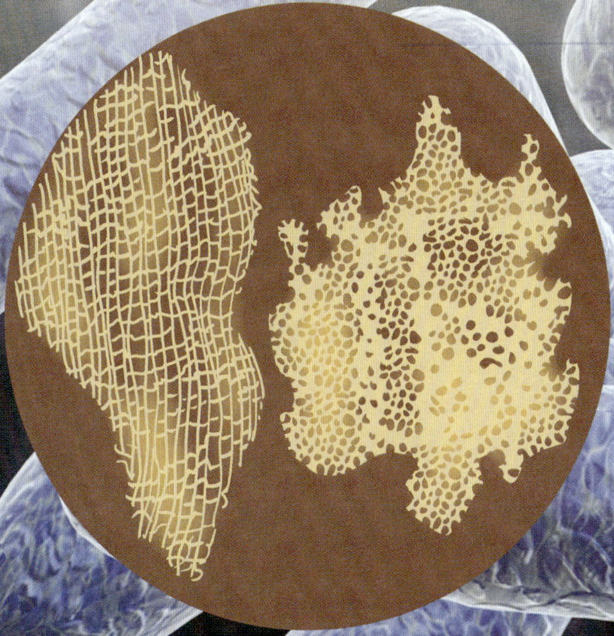

La teoría celular

Al poco tiempo, las observaciones científicas llevaron a la conclusión de que las células son las unidades básicas de la vida. En la década de 1830, biólogos como Matthias Schleiden (1804–1881), Theodor Schwann (1810–1882) y Rudolf Virchow (1821–1902) concluyeron que todas las plantas y los animales están formados por células. Pronto se confirmó que las células nuevas se crean solo con la división de las células existentes. Estas conclusiones llevaron a los científicos a resumir sus hallazgos en lo que se llamó la teoría celular. La teoría celular dice que,

1. Todos los seres vivos están formados por una o más células.
2. Las células son las unidades de la estructura y las funciones de los seres vivos.
3. Todas las células vivas se crean a partir de células existentes.

Toma nota

Escribe tres afirmaciones de la teoría celular en tu cuaderno de ciencias.

Célula bacteriana

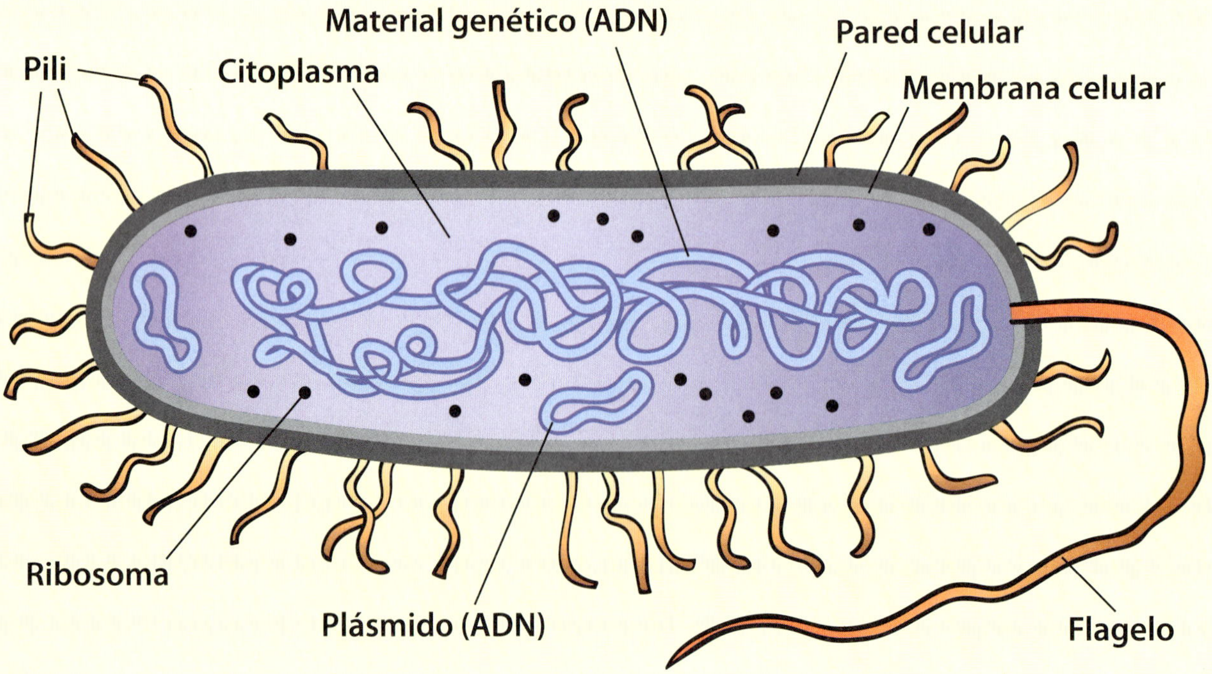

Las células bacterianas no tienen núcleo. En vez de eso, todas las instrucciones genéticas para la vida están contenidas en un largo filamento de ADN. Las únicas estructuras además de esa son los ribosomas, donde se fabrican las proteínas.

Diferentes tipos de células

Las células son de muchas formas y tamaños. Algunas son de tan solo 0.2 micrómetros (µm) a lo largo, y algunas tienen hasta 10 centímetros (cm) de largo. Algunas son organismos vivos individuales. Otras son las partes vivas más pequeñas de organismos multicelulares más grandes.

Todas las células están separadas de su medio ambiente por una membrana celular. Esta estructura porosa y flexible permite que pasen algunas cosas y no deja pasar otras. Este límite mantiene la parte del fluido interior de la célula, el **citoplasma**, encerrado.

Las células como las bacterias y las arqueas se llaman **procariotas**. Hay poca organización aparente de los materiales dentro de su membrana celular. De hecho, su **material genético**, en forma de ácido desoxirribonucleico (ADN) o ácido ribonucleico (ARN), simplemente flota en el citoplasma. Esta es la característica principal que define a los procariotas. Las células procariotas llevan a cabo la vida con pocas estructuras celulares específicas.

Los organismos con más células complejas (incluidos todos los organismos multicelulares) se llaman **eucariotas**. En las células eucariotas, el citoplasma contiene estructuras celulares llamadas orgánulos, que significa "pequeños órganos". Igual que el cuerpo humano está formado por órganos y **sistemas de órganos**, que se encargan de las funciones de vida, las células eucariotas están formadas por orgánulos, cada uno de los cuales tiene un trabajo que hacer.

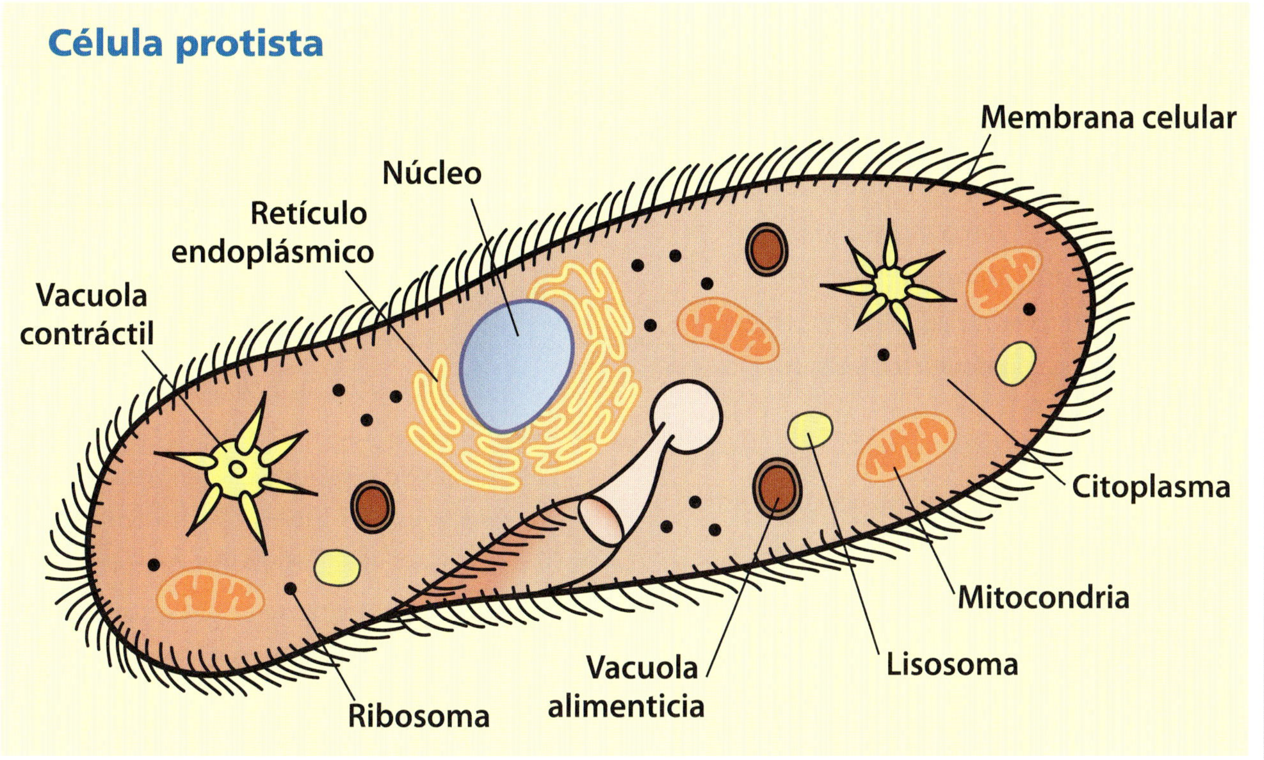

Al igual que las bacterias, los protistas son microorganismos de una sola célula. A diferencia de las bacterias, las células de los protistas tienen un núcleo y muchos orgánulos especializados para realizar funciones vitales específicas.

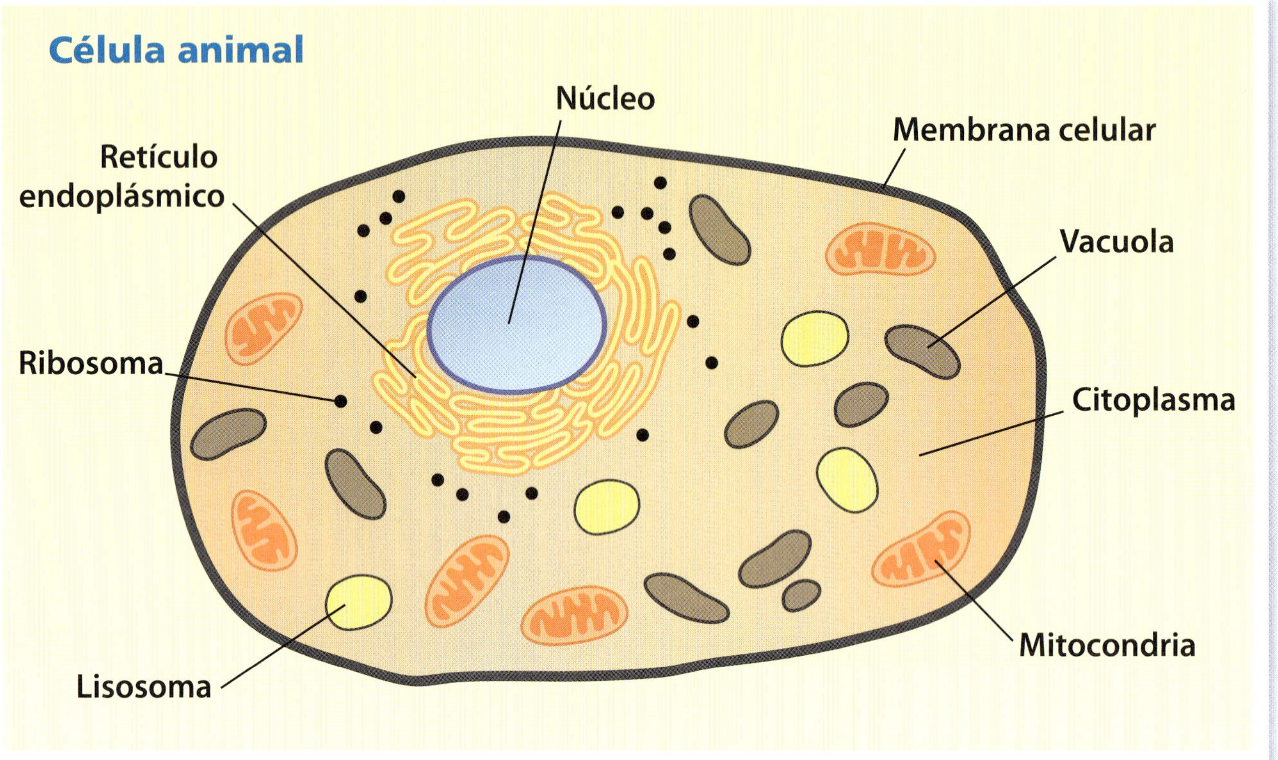

Una célula animal tiene muchas de las mismas estructuras que tiene una célula protista, pero los animales son multicelulares, es decir, que están formados de muchas células. Todas las funciones vitales se realizan dentro de cada célula.

¿Cómo realizan las funciones vitales las células?

Las células intercambian gases. Los gases como el dióxido de carbono y el oxígeno se mueven por la membrana celular.

Las células necesitan agua. De hecho, todas las células se encuentran en un medio ambiente **acuático**, un fluido con una base de agua. Al igual que los gases, el agua fluye hacia delante y hacia atrás por la membrana celular. El agua es necesaria para todos los procesos químicos que ocurren en las células.

Las células necesitan alimento. Las células vegetales fabrican su propio alimento en orgánulos llamados **cloroplastos**. Los paramecios de una única célula comen otros **microorganismos**. Los humanos comen vegetales, frutas y carne. Algunas bacterias consumen azufre. En las células eucariotas, un orgánulo llamado **mitocondria** procesa los alimentos para obtener energía utilizable.

Las células eliminan los desechos. El **lisosoma** es el orgánulo de una célula animal que elimina los desechos. Las células vegetales digieren material no deseado en la vacuola central antes de eliminarlo a través de la membrana celular como un desecho.

Las células se reproducen. El **núcleo** de las células eucariotas contiene la información genética que dirige la división celular. Y aunque los procariotas no tienen un núcleo, aún así tienen material genético.

Las células crecen. Varias estructuras celulares están relacionadas con la fabricación de proteínas, que se usan para construir nuevas estructuras celulares. Los **ribosomas**

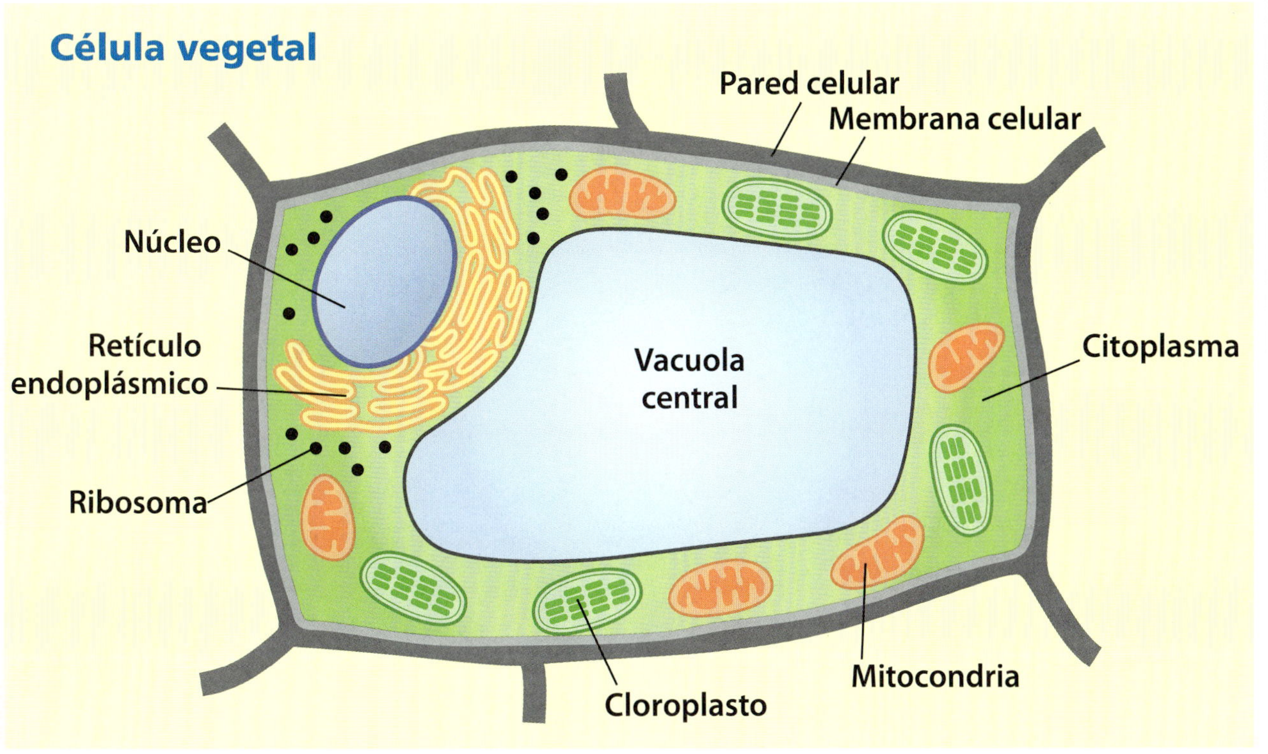

Una célula vegetal tiene estructuras importantes que no tiene una célula animal: una pared celular, que proporciona apoyo y estructura, y cloroplastos, que fabrican alimento a través del proceso de la fotosíntesis.

colaboran en la síntesis de proteínas. En las células eucariotas, los ribosomas pueden estar adheridos a una estructura llamada **retículo endoplásmico** duro.

Las células responden a su medio ambiente. Los paramecios nadan en busca de alimento. Se alejan de zonas frías o calientes. La mayoría de las células responden a sustancias químicas en su medio ambiente.

Las células necesitan un medio ambiente apropiado. Si el medio ambiente alrededor de las células se vuelve tóxico, se mueren. Algunas células forman gruesas paredes protectoras llamadas quistes para protegerse cuando un medio ambiente se vuelve estresante. Cuando el medio ambiente mejora, los quistes se rompen y las células vuelven a su vida normal.

¿Por qué debe importarme?

Quizá ya sea obvio. Tú, tus amigos, tus familiares y cualquier otro ser vivo de la Tierra están formados por una o más células. Si las células no existieran, la vida no existiría. ¡Tú no existirías!

Preguntas para pensar

1. **¿Cómo llevaron los cambios en la tecnología al descubrimiento de las células?**
2. **Describe en qué se parecen las células eucariotas y procariotas y en qué se diferencian.**
3. **¿Por qué se considera a las células como una de las características de la vida?**

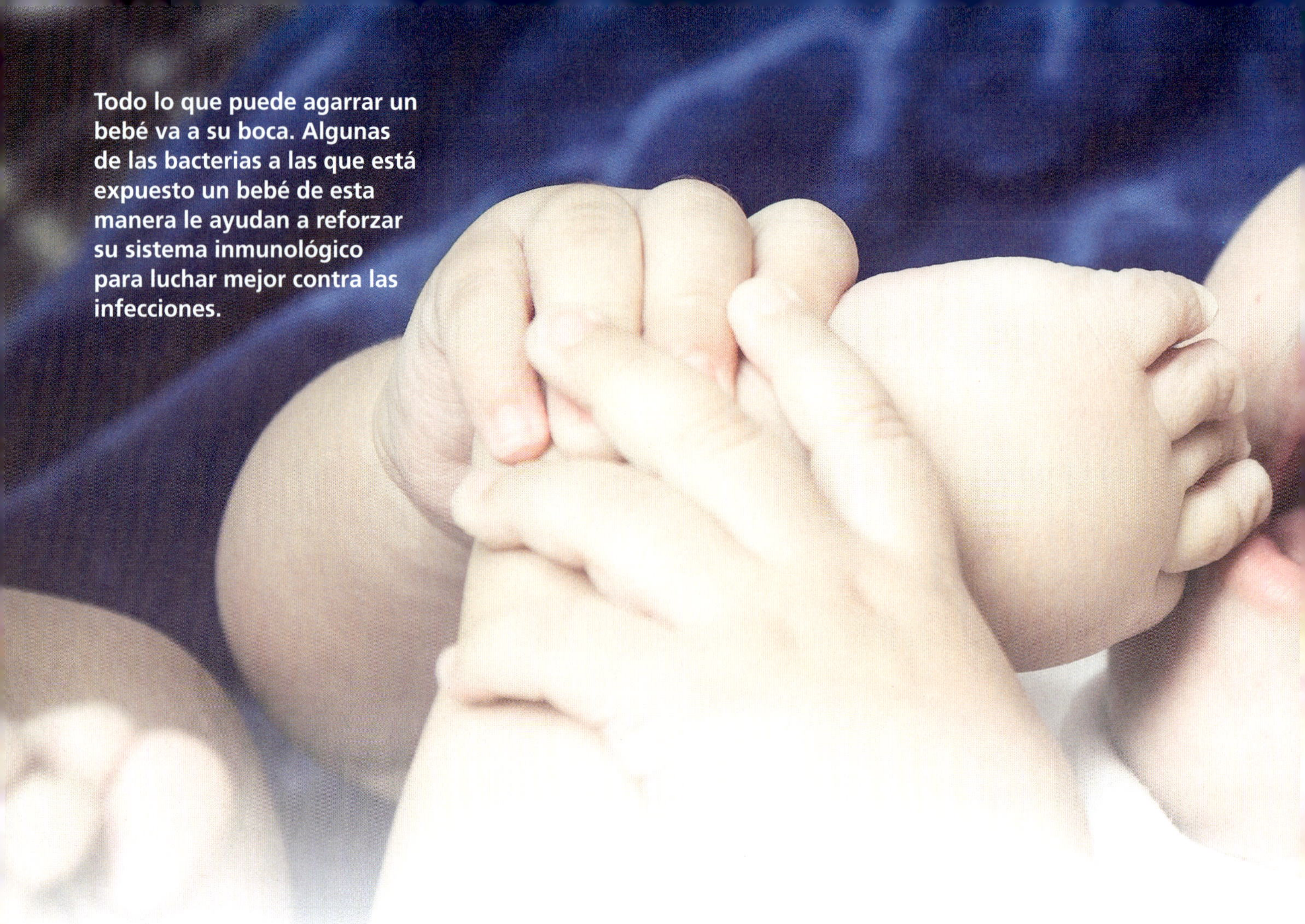

Todo lo que puede agarrar un bebé va a su boca. Algunas de las bacterias a las que está expuesto un bebé de esta manera le ayudan a reforzar su sistema inmunológico para luchar mejor contra las infecciones.

Las bacterias a nuestro alrededor

¿Hay bacterias en mi ombligo, mi boca y los dedos de mis pies? ¿De verdad? ¡Sí!

Muchas bacterias

Las bacterias están por todas partes: dentro y sobre nuestro cuerpo y los cuerpos de todos los organismos, en el aire que respiramos, en el hielo polar, en el agua, en el suelo, en la comida, en el océano, en el polvo e incluso en forma de fósiles en la roca. Las bacterias son los organismos más abundantes de la Tierra. Es imposible saber exactamente cuántas bacterias existen, o incluso cuántas especies diferentes de bacterias existen. Pero se estima que hay cinco millones de billones de billones (eso es un 5 con 30 ceros detrás, o 5×10^{30}) de bacterias en la Tierra. Si las pesáramos todas, su masa sería mayor que la de todos los animales y las plantas de la Tierra juntos.

¿Sabías esto?

Si las condiciones son las correctas, algunas bacterias, como la *E. coli*, ¡puede dividirse cada 20 minutos!

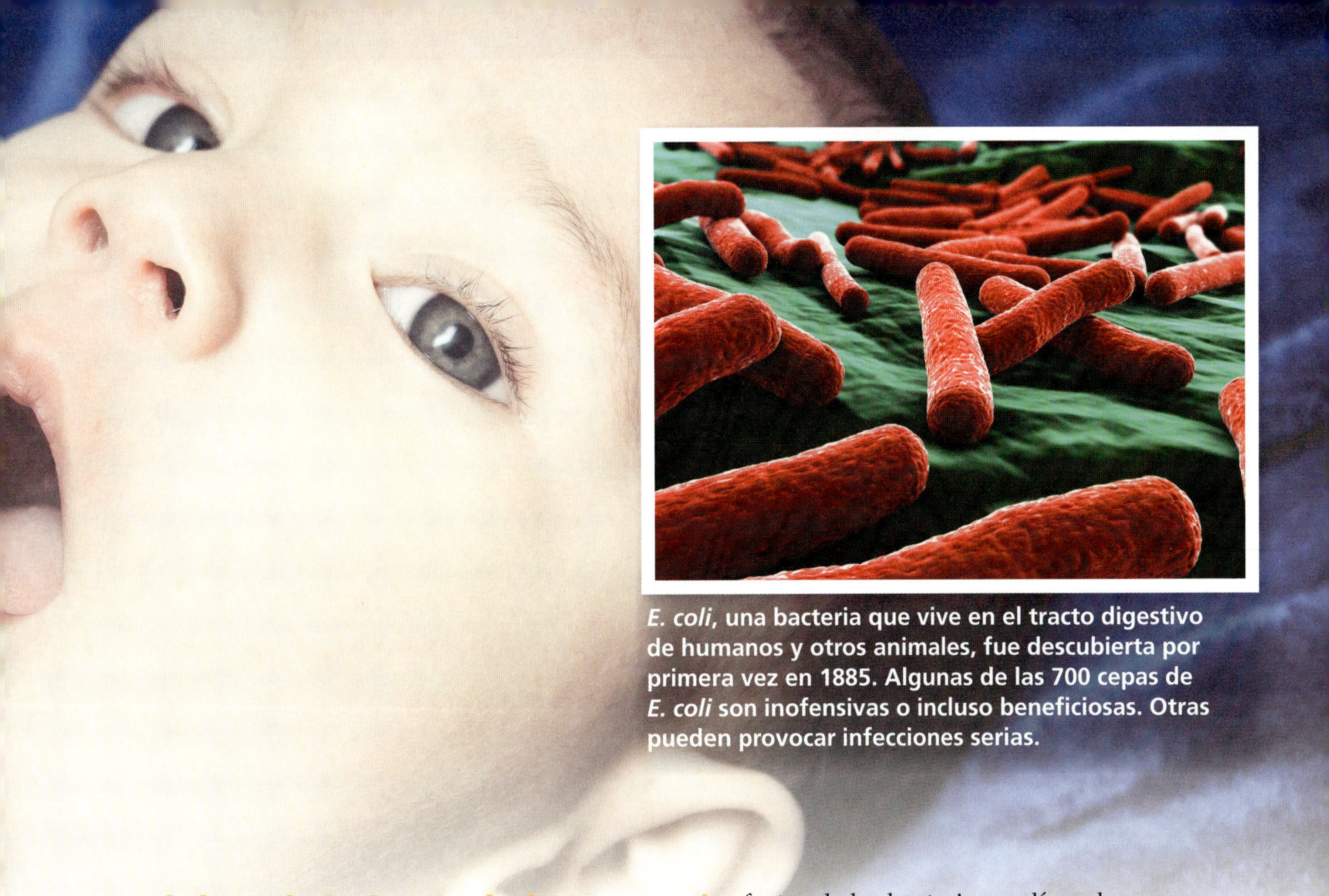

E. coli, una bacteria que vive en el tracto digestivo de humanos y otros animales, fue descubierta por primera vez en 1885. Algunas de las 700 cepas de *E. coli* son inofensivas o incluso beneficiosas. Otras pueden provocar infecciones serias.

El descubrimiento de las bacterias

Las bacterias llevan viviendo en la Tierra al menos 3.5 mil millones de años. Hace unos 2 mil millones de años, las bacterias comenzaron a utilizar energía del Sol para fabricar alimento. Estas bacterias producían oxígeno como un producto de desecho. El oxígeno se acumuló en la atmósfera de la Tierra. Fue un factor clave en el origen de los organismos multicelulares. Las misiones exploratorias han buscado tipos similares de fósiles en Marte, en busca de evidencia de vida allí.

Las bacterias son organismos unicelulares diminutos. La bacteria típica de *Escherichia coli* (*E. coli*) solo mide 2 micrómetros (µm) de diámetro a la larga. Eso es igual a 0.02 milímetros (mm).

Como las bacterias son diminutas, no se conocieron hasta finales del siglo XVIII. Los efectos de las bacterias podían observarse, y masas de bacterias, llamadas **colonias** o **culturas**, podían verse. Sin embargo, los organismos individuales fueron un misterio hasta que los microscopios se volvieron lo suficientemente potentes para verlos. En 1676, Antoni van Leeuwenhoek fue el primero en ver bacterias a través de un microscopio y de describirlas. Las encontró en raspados de bocas humanas. Usó su boca, las bocas de dos mujeres (probablemente su esposa y su hija) y las bocas de dos hombres viejos que nunca se habían cepillado los dientes.

Toma nota

Si Leeuwenhoek encontró bacterias en las bocas humanas, ¿dónde más crees que podrían encontrarse bacterias?

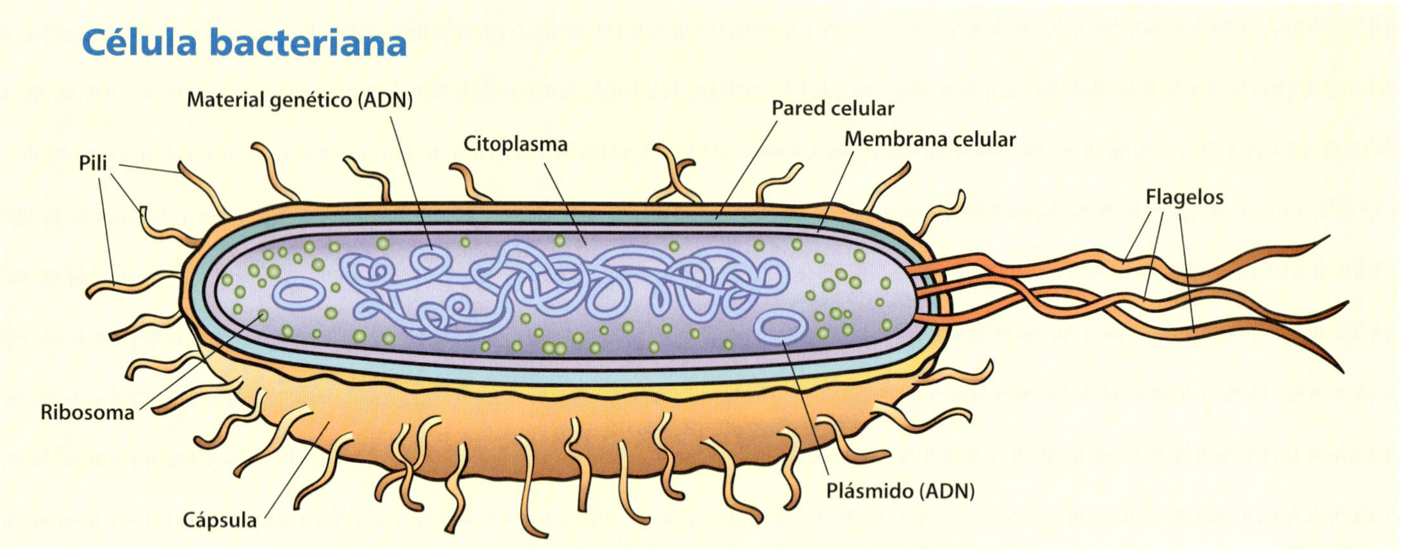

Las bacterias no tienen núcleos. Tienen estructuras como los flagelos para moverse y diminutas púas (llamadas pili) para adherirse a otras células o superficies, como los tejidos de los organismos huésped.

Estructura

Leeuwenhoek no pudo ver dentro de las bacterias. Cuando los científicos lo consiguieron por fin, descubrieron que las bacterias son bastante diferentes de otras células. Las bacterias no tienen orgánulos ni núcleos. Las células bacterianas se llaman procariotas (*Pro* significa antes, y *karyon* significa centro o núcleo). Pero aunque parezcan sencillas, tienen su propia manera de organizar sus **moléculas**. Son organismos vivos que exhiben las mismas características de vida que nosotros.

Las bacterias se clasifican tradicionalmente basándose en su forma: barra, esferas y hélices. También se clasifican según cómo aparecen cuando se tiñen. Muchos laboratorios usan ahora ADN para identificar bacterias.

Reproducción

Las bacterias se suelen reproducir de manera asexual. Eso significa que crecen, hacen una copia de su ADN y luego se dividen en dos. Una **pared celular** y una membrana celular crecen entre las dos moléculas de ADN. Este proceso se llama fisión binaria (*binario* significa dos y *fisión* significa partición).

Las bacterias también pueden intercambiar información genética de maneras que se parecen a la reproducción sexual. Dos bacterias forman un tubo entre ellas. Usan el tubo para intercambiar pedacitos de ADN llamados **plásmidos**. Como cada célula nueva obtiene ADN nuevo, las células bacterianas adquieren nuevos rasgos. La habilidad de infectar nuevos huéspedes, resistirse a un **antibiótico** y descomponer o digerir nuevos materiales, entre muchos otros rasgos, pueden originarse de esta manera.

Toma nota

¿Qué otros organismos se reproducen asexualmente? ¿Cuáles son las ventajas de la reproducción asexual?

¡Tantas! ¡Por todas partes!

Las bacterias se encuentran en todos los medio ambientes. Algunas especies sobreviven en las aguas termales hirvientes del Parque Nacional de Yellowstone. Otras viven en medio ambientes que son muy ácidos, muy alcalinos o con mucho azufre.

¿Sabías esto?

Una de las bacterias de Yellowstone, *Thermus aquaticus,* llevó al descubrimiento de una sustancia química útil para conseguir la huella del ADN. ¡El dueño de la patente recibió un premio Nobel y un millón de dólares!

Océano. Las bacterias también se encuentran en las profundidades del océano. Los científicos están descubriendo muchas comunidades diversas de bacterias que viven en varias profundidades del océano. En un proyecto de 10 años, científicos de 80 países hicieron un inventario de los muchos tipos de bacterias que viven en el océano. Su estimación es que viven allí más de mil millones de tipos diferentes de bacterias.

El fuerte color anaranjado y amarillo de estas aguas termales en el Parque Nacional de Yellowstone lo causa la bacteria *Thermus aquaticus.*

Atmósfera. Se han encontrado bacterias en lo alto de la atmósfera sobre la Tierra. En la estratosfera, las temperaturas tienen un promedio de menos 56 grados Celsius (°C) y los niveles de radiación son altos. Más abajo en la atmósfera, las bacterias pueden afectar a la formación de nubes y la composición química del aire. Las bacterias pueden salir volando por el aire desde el suelo y el agua. Un estudio descubrió más de 1,800 tipos de bacterias en unas muestras de aire sobre San Antonio, Texas. En otro estudio, los científicos descubrieron que las bacterias pueden viajar con el viento una larga distancia. Descubrieron más de 1,000 tipos de bacterias que viajaron en la atmósfera desde China, sobre el océano Pacífico, a los Estados Unidos.

Las bacterias de la atmósfera pueden caer sobre la Tierra cuando llueve. Pueden actuar como partículas alrededor de las que se forman nieve, granizo y gotas de agua. Las bacterias caen a la Tierra con las precipitaciones. Las bacterias también forman parte de los **ecosistemas** naturales de lagos y arroyos. Ayudan a descomponer moléculas complejas en nutrientes para otros organismos.

Suelo. Las bacterias existen en grandes cantidades en el suelo. Se estima que puede haber 100 millones de bacterias en 1 gramo (g) de suelo. De hecho, puede que del 92 al 94 por ciento de todas las bacterias vivan bajo tierra. Las bacterias se han descubierto en la roca sólida 3 kilómetros (km) bajo la superficie de la Tierra. Estas bacterias se alimentan de sustancias químicas en las rocas o de sustancias químicas liberadas de las rocas al romperse. Mientras que la *E. coli* puede dividirse cada 20 minutos, estas bacterias subterráneas pueden tardar 1,000 años en reproducirse.

Lo que les falta en tamaño a las bacterias lo compensan con cifras, miles de millones en esta paleta llena. La mayoría de las bacterias del suelo descomponen la materia orgánica en nutrientes útiles.

Muchas bacterias son extremófilos, organismos que pueden sobrevivir en medio ambientes extremos que antes se creía que no podían sustentar la vida. Incluso los icebergs albergan bacterias latentes.

Hielo. Las bacterias se encuentran en muestras de hielo polar y glaciar que se enterraron y no se tocaron durante miles de años. Cuando cae nieve, las bacterias pueden adherirse a los copos de nieve. Cuando la nieve se acumula y se convierte en hielo, las bacterias se entierran en el hielo. Los investigadores han extraído núcleos de hielo de todo el mundo. En cada caso, encontraron bacterias latentes dentro del hielo. Los investigadores han podido revivir algunas de ellas, incluidas bacterias que estuvieron congeladas durante más de 100,000 años. La NASA está interesada en estas investigaciones porque las bacterias pueden sobrevivir en lugares como las lunas de Júpiter y Saturno.

¿Sabías esto?

Bacterias por números

- Los científicos han estimado que hay 100 veces más bacterias en el océano que estrellas en el universo.
- Seis litros (L) de agua marina contienen más bacterias que personas hay en la Tierra. ¡Un trago de agua marina puede contener un millón de bacterias!
- Si apilaras el mismo número de centavos que las bacterias que hay en la Tierra, la pila de monedas subiría un billón de años luz.

Mi propio zoo

Volvamos a nuestros ombligos. ¿Son las bacterias de mi ombligo como las bacterias del ombligo de mi amigo? Según el Proyecto de Biodiversidad de los Ombligos, el conjunto de las bacterias de tu ombligo es único. Tienes el doble de tipos de bacterias en tu ombligo que el número de especies de hormigas o aves en América del Norte. ¡Eso son más de 2,300 tipos diferentes! (¿Qué crees que comen?).

Otros científicos han descubierto que el conjunto de bacterias de tus huellas dactilares es específico a cada individuo. Los investigadores tomaron muestras de teclados. Criaron culturas y determinaron quién usaba esos teclados. Así que tú, o al menos tus bacterias, son únicas. Y mientras tu piel es el hogar de billones de bacterias individuales, tu boca y tus intestinos tienen la mayor diversidad de bacterias.

Los científicos aún no saben dónde viven todas las bacterias de nuestros cuerpos. ¿Qué papel juegan en mantenernos sanos o en enfermarnos? Algunas bacterias podrían ayudar a la gente a mantener un peso saludable. Otras podrían determinar cómo responde un ser humano a los antibióticos.

Toma nota

Al principio del artículo, escribiste otros lugares donde podrían encontrarse bacterias. ¡Añade más a tu lista!

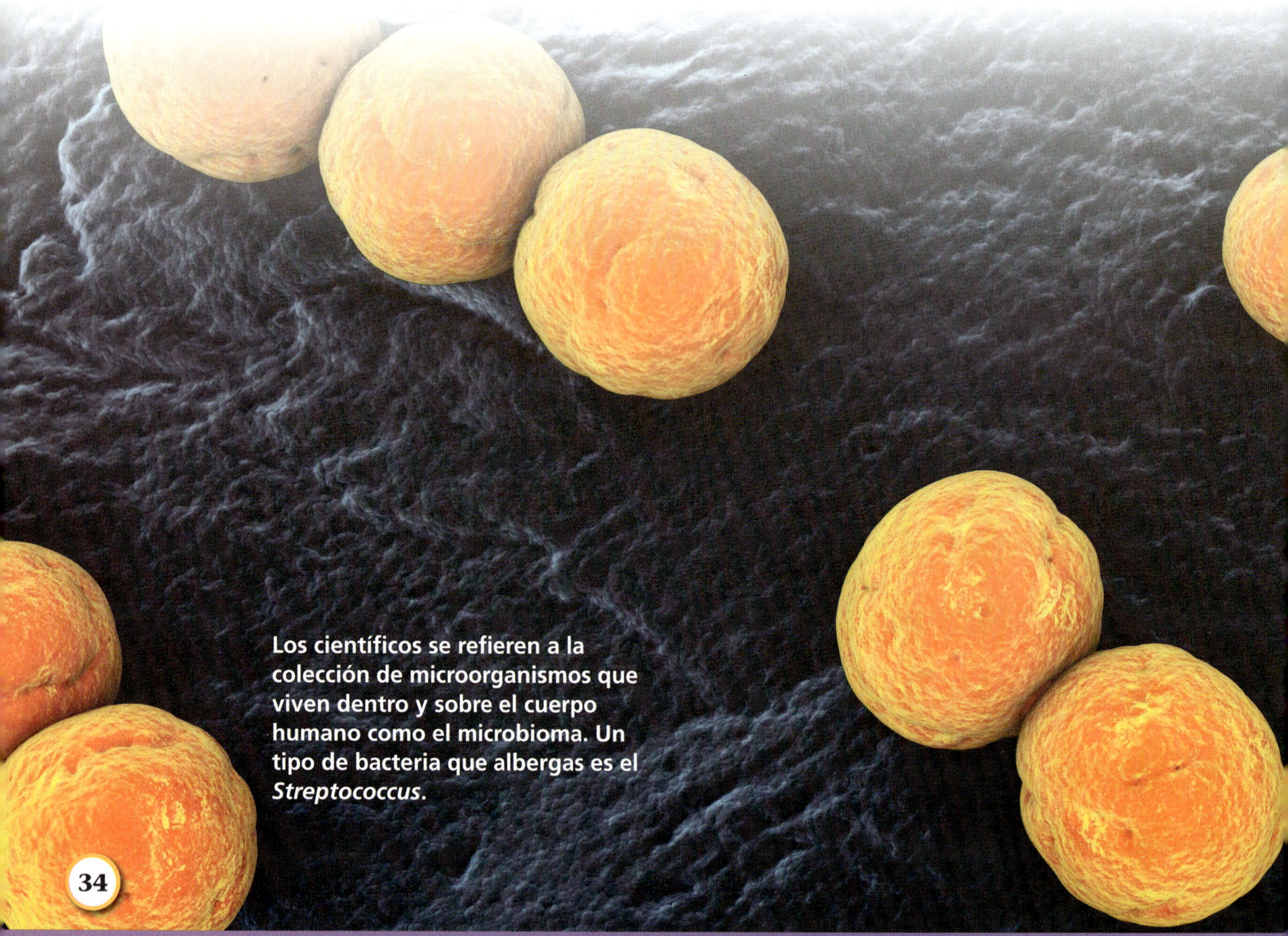

Los científicos se refieren a la colección de microorganismos que viven dentro y sobre el cuerpo humano como el microbioma. Un tipo de bacteria que albergas es el *Streptococcus*.

¿Somos realmente humanos?

¿Somos realmente humanos? ¿O somos solo un hábitat para bacterias y otros microorganismos? Aquí hay algunas cifras que pueden hacer que te replantees lo que significa ser humano.

- Cada uno de nosotros es hogar de unos 100 billones de formas de vida microscópicas. Eso incluye bacterias, levaduras, **virus** y protistas. ¡El número de células bacterianas en tu cuerpo es aproximadamente igual al número de células humanas!
- En un adulto de 100 kilogramos (kg), todos estos microorganismos pesarían de 1 a 3 kg. Eso es más de lo que pesa tu cerebro.

Proyectos como el Proyecto del Microbioma Humano estudian cuestiones sobre la importancia de las bacterias en el cuerpo humano. Interactuamos con miles de tipos diferentes de microbios que hay dentro y sobre nosotros. Los científicos que estudian estas interacciones esperan descubrir mucha información sobre cómo seguir sanos. ¿Dónde planearán los investigadores el próximo safari? ¡Las axilas!

Preguntas para pensar

1. **¿Cuáles son algunos ejemplos de medio ambientes adecuados para las bacterias?**
2. **¿Cómo pueden las bacterias evitar morir si un medio ambiente no es el adecuado?**
3. **¿En qué se diferencian las células bacterianas de las células vegetales y animales?**
4. **Describe cómo se reproducen las bacterias. ¿Cómo pueden las bacterias adquirir nuevas características?**

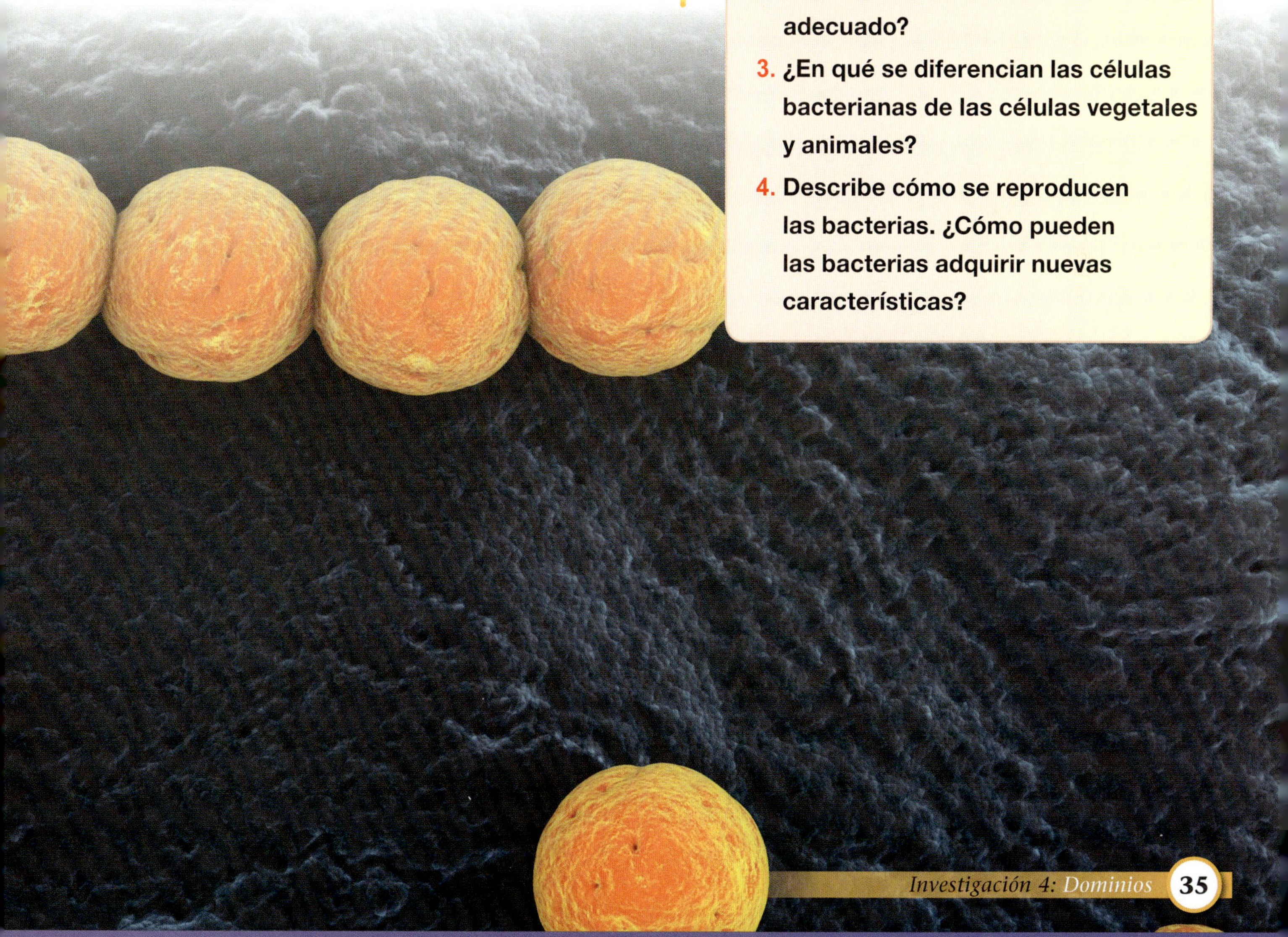

Bacterias perjudiciales y útiles

Una vaca inocente camina alrededor de un campo de pasto. ¿Qué podría ir mal en este escenario? ¿Qué hacen las vacas aparte de caminar, comer, beber y mugir? Quédate con esta pregunta.

Escherichia coli

Escherichia coli, o *E. coli*, es una de las bacterias más comunes de la Tierra. Estas bacterias viven en los intestinos de todos los animales de sangre caliente, incluidos los humanos. La *E. coli* también vive en el suelo, los ríos, los lagos y la arena de la playa. La mayoría de las **cepas** de *E. coli* son inofensivas.

O157:H7 es una cepa de *E. coli* que vive en los intestinos de las vacas. Las vacas no tienen ningún problema con esto. Es fácil averiguar cómo llega la *E. coli* O157:H7 a lagos y al suelo, ¡e incluso a veces a la carne de hamburguesa! Por desgracia, esta cepa que es inofensiva para las vacas puede ser mortal para los humanos. Procesamos carne para que las bacterias intestinales de la vaca no acaben en nuestra comida. Testamos nuestra agua para ver si está contaminada de *E. coli*.

Muchos tipos de bacterias viven en el cuerpo humano y no causan problemas. Pero lo malo viene cuando el equilibrio de los diferentes tipos de bacterias cambia.

Dos claves para prevenir una infección por *E. coli* son la limpieza y la cocción. Mantén las manos y las áreas de preparación de alimentos limpias, y destruye las bacterias cocinando la carne a una temperatura lo suficientemente alta. Para la ternera, es de 71°C.

Las bacterias que son inofensivas en los intestinos de las vacas pueden ser peligrosas, incluso mortales, para los humanos que consumen ternera de esas vacas. La carne contaminada es uno de los retos más complejos que afronta la industria ganadera.

Las bacterias son prejudiciales para los humanos cuando dañan grandes cantidades de células humanas. Esto se llama infección bacteriana. Las bacterias pueden interferir con las funciones celulares. Pueden dañar las células liberando toxinas directamente a las células cercanas o en el torrente sanguíneo. La sangre transporta las toxinas a las células y los **tejidos** de otras partes del cuerpo. Las bacterias más dañinas pueden reproducirse rápidamente y sobrecargar el sistema inmunitario.

Intoxicaciones alimentarias

Cada año, unas 3,000 personas en los Estados Unidos mueren a causa de una **intoxicación alimentaria**. Otras 128,000 personas acaban en el hospital. Este le cuesta a nuestra economía unos 7 mil millones de dólares. Algunas de las maneras de evitar una intoxicación es cocinar la carne bien, beber solamente jugo pasteurizado y lavar las frutas y las verduras antes de comerlas.

Las bacterias fueron responsables de aproximadamente el 40 por ciento de intoxicaciones alimentarias entre 2006 y 2010. *E. coli* y otras bacterias causaron estas ocurrencias. Algunos brotes famosos de intoxicaciones alimentarias los causó la *Listeria* de los perritos calientes, el fiambre y los melones cantalupo; la *Salmonella* de los huevos, los pimientos y el pavo; y la *Staphylococcus* de la carne.

Epidemias

Las bacterias han causado enfermedades en los humanos durante toda la historia. Han matado a poblaciones enteras y causado más muertes que las guerras. ¿Cuáles son algunos de los peores brotes de bacterias de la historia?

La peste. La peste negra, o la peste, la causa la *Yersina pestis*. La transportan las pulgas en pequeños animales como las ratas, o se transmite de una persona a otra. Se estima que la peste mató a más de la mitad de la población de Europa en el siglo XIV.

Tuberculosis. La tuberculosis (también llamada TB) la causa la *Mycobacterium tuberculosis*. Se pasa de una persona a otra por el aire y ataca los pulmones. En la Europa del siglo XVIII, la TB mató a una de cada siete personas. Aún sigue matando a más de 2 millones de personas al año en el mundo. Se está volviendo resistente a los tratamientos existentes, así que los brotes podrían volverse peores en el futuro.

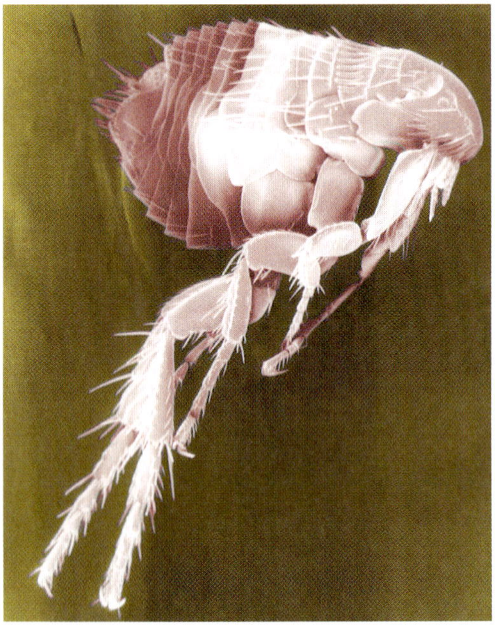

Las bacterias de la peste suelen transmitirse a los humanos con la picadura de una pulga infectada.

Las ratas, las pulgas y la *Y. pestis* eran una combinación letal en el siglo XIV, cuando la peste se llevó unos 75 millones de vidas. La epidemia se extendió cuando las ratas a bordo cruzaban las rutas comerciales europeas.

Las garrapatas de patas negras llevan las bacterias que provocan la enfermedad de Lyme. La mayoría de los humanos se infectan con las picaduras de las diminutas (del tamaño de una semilla de amapola) garrapatas jóvenes durante la primavera y el verano.

Tifus. La *Rickettsia prowazekii* causa el tifus. Se transmite con los piojos. Los brotes del tifus cambiaron a veces el desenlace de guerras y por tanto de la historia. Han matado a millones de personas.

Cólera. La *Vibrio cholerae* se encuentra en alimentos y agua contaminados. Causa el cólera, que provoca diarrea y vómitos intensos. Uno de los peores brotes en la historia de los Estados Unidos ocurrió en el siglo XIX. Comenzó en la India y finalmente apareció en la ciudad de Nueva York, Nueva York y en Nueva Orleans, Luisiana. De allí se extendió hacia el oeste y al viajar los colonizadores por la Senda de Oregón. Aunque ahora es raro en los Estados Unidos, el cólera aún mata a más de 100,000 personas cada año en todo el mundo. A menudo aparece en los países en vías de desarrollo y en áreas golpeadas por los desastres naturales, como en Haití tras el terremoto de 2010.

Enfermedad de Lyme. La *Borrelia burgdorferi* provoca la enfermedad de Lyme. Es una de las enfermedades infecciosas de crecimiento más rápido en los Estados Unidos. No mata, pero puede causar problemas crónicos si no se trata. La transmiten a los humanos las garrapatas de patas negras. Una señal común de la enfermedad es una irritación en forma de aro. La bacteria que causa la enfermedad de Lyme ha existido durante mucho tiempo. El cambio climático, la destrucción de los bosques y el aumento de las personas que entran en contacto con las garrapatas de patas negras han contribuido a su propagación.

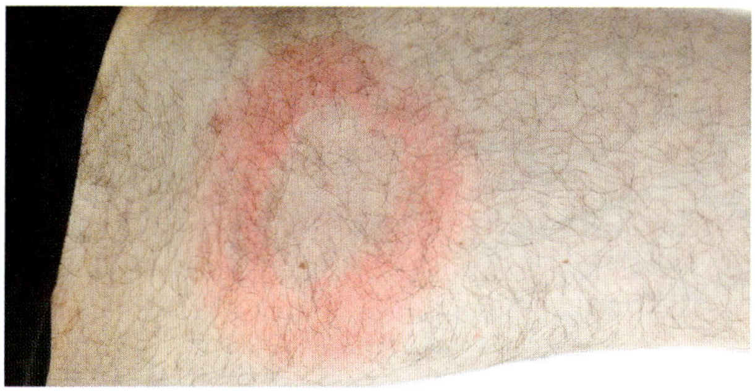

Una irritación en forma de aro en la mordedura de una garrapata es una de las primeras señales de la enfermedad de Lyme. Los síntomas más severos aparecen semanas o meses después.

Toma nota

¿Sobre qué brotes de bacterias o retiradas de alimentos has oído hablar en las noticias?

Antibióticos

Las bacterias pueden dar miedo. Pero los humanos han desarrollado medicamentos que pueden matar muchos tipos de bacterias perjudiciales. Estos medicamentos se llaman antibióticos (*anti* = contra, *bio* = vida). Han ayudado a eliminar o controlar muchas bacterias causantes de enfermedades.

Un gran problema de hoy en día es que algunas bacterias perjudiciales están volviéndose resistentes a los antibióticos. *Resistente* significa que los antibióticos no mataron completamente esas bacterias. Un ejemplo es la TB resistente a múltiples medicamentos. Otro ejemplo es la *Staphylococcus aureus*, la bacteria que causa la mayoría de las infecciones hospitalarias. La meticilina es un potente antibiótico usado para tratar estas infecciones. En años recientes, la bacteria se ha vuelto cada vez más resistente a la meticilina.

¿Cómo se vuelven resistentes las bacterias a un antibiótico? Algunas bacterias individuales son resistentes por naturaleza. Cuando una población de bacterias está expuesta a un antibiótico, la mayoría de ellas muere, pero aquellas que son resistentes sobreviven para reproducirse. Toda la descendencia es resistente. Las mutaciones y el intercambio de genes (a través de plásmidos) también puede reforzar la resistencia. Las mutaciones (cambios aleatorios en el material genético) ocurren de manera natural al reproducirse las bacterias. Las bacterias también ganan nuevos genes al compartir material genético con otras bacterias durante el intercambio de plásmidos. Cuando usamos antibióticos de manera incorrecta, podemos ayudar sin querer a sobrevivir a las bacterias resistentes.

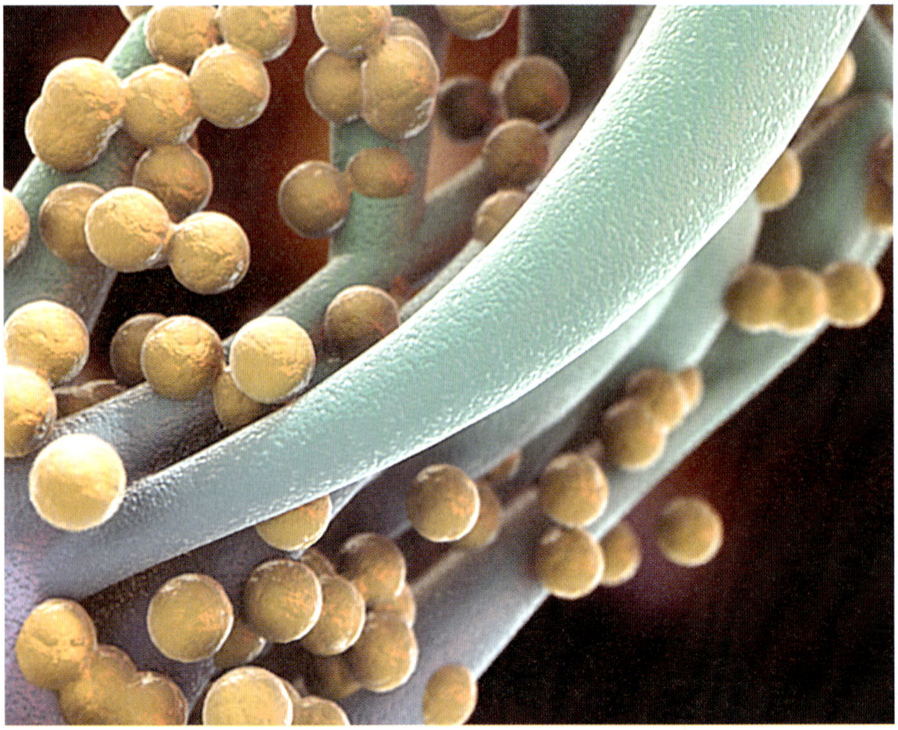

La *Staphylococcus aureus* es normalmente inofensiva a menos que entre en el torrente sanguíneo y se extienda a los órganos internos, o si es un brote de bacteria resistente a la meticilina (SARM).

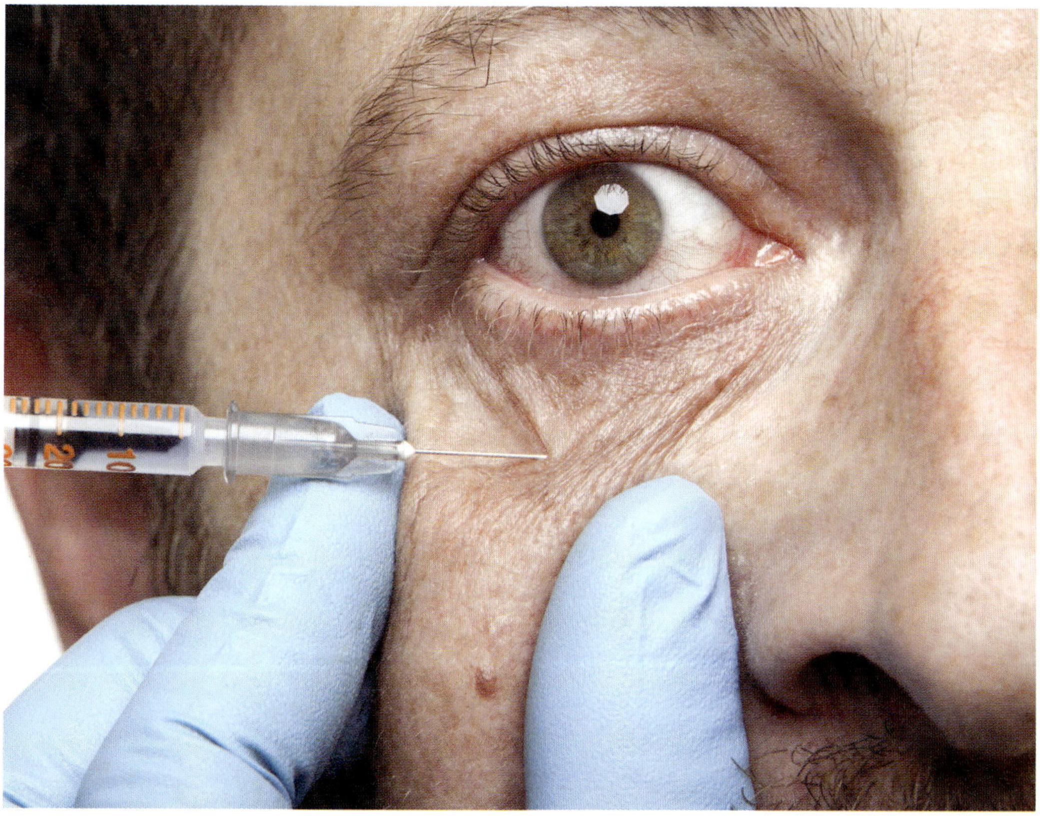

Las inyecciones de toxina botulínica (botox), que paralizan temporalmente la actividad muscular, se usan para tratar problemas como espasmos y migrañas crónicas. También pueden reducir la apariencia de arrugas faciales.

Descomposición

Nos hemos centrado en las bacterias "malas". Pero sin bacterias, la Tierra no sería un lugar muy bueno para vivir. Las bacterias son **descomponedores**, lo que significa que separan los organismos muertos y los desechos en agua, gases y minerales. ¿Te imaginas una Tierra enterrada con cosas muertas? Sin las bacterias, sería así.

Las bacterias también transforman el gas nitrógeno del aire en una forma que las plantas pueden usar para crecer. Son esenciales para mantener el equilibrio ecológico del planeta.

Las bacterias fabrican sustancias químicas que los humanos usan para su provecho. La toxina botulínica es mortal y la produce la bacteria *Clostridium botulinum*. Pero la toxina se usa para tratar a personas con calambres y espasmos musculares severos, evitándoles un dolor terrible. Los científicos también modifican las bacterias para producir sustancias químicas útiles. La *E. coli* está siendo modificada genéticamente para producir insulina y la hormona humana del crecimiento, que son útiles en medicina. Y las bacterias "come-petróleo" pueden ayudar a limpiar derrames de petróleo.

Digestión

Las bacterias que viven en los intestinos humanos son necesarias para la digestión. Las bacterias de tu tracto digestivo producen algunas de las vitaminas que necesitamos. Nos protegen de otras bacterias que pueden enfermarnos. Los científicos piensan que como los humanos hemos cambiado la variedad de alimentos que comemos, hemos cambiado la diversidad de bacterias que viven en nuestro interior. Estos cambios en la comunidad bacteriana pueden contribuir al aumento de peso.

Las bacterias también ayudan a fabricar algunos de los alimentos que comemos. Están involucradas en la producción del salami, la crema agria, el chocolate, la sidra, la salsa de soya, los pepinillos en vinagre, el café, el vinagre, el yogur, el queso, la salsa picante, el kimchi y los panes de masa fermentada, por nombrar algunos ejemplos. Las bacterias también se usan para producir espesantes para salsas y aderezos de ensaladas, y en la repostería sin gluten.

Las bacterias se usan al procesar los granos del café. Los microbios descomponen la fruta pulposa adherida a los granos antes de lavarlos, secarlos y tostarlos.

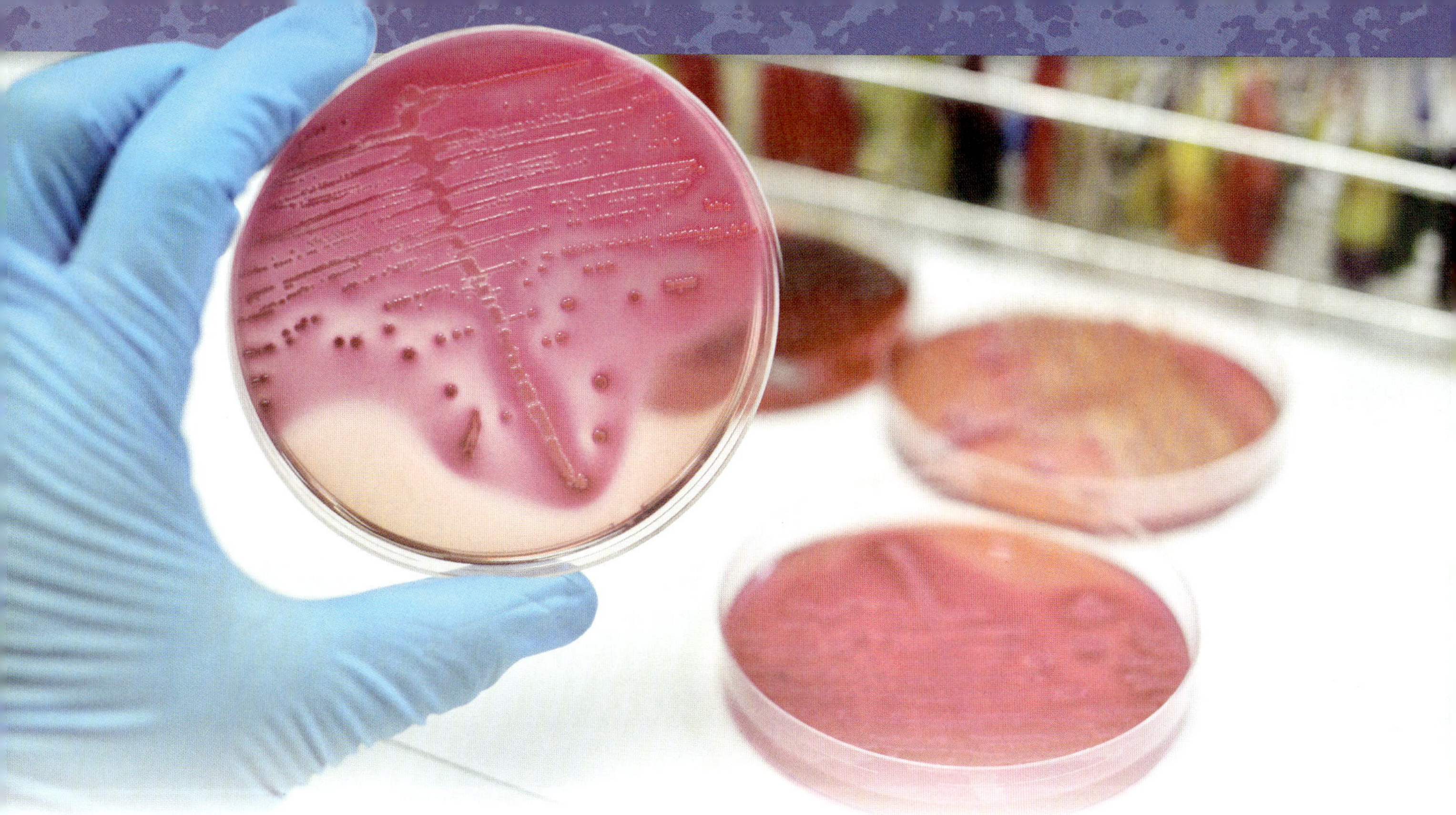

La *E. coli* es fundamental en la biotecnología moderna. Es fácil y rápido producir *E. coli* en el laboratorio y se usa en todo el mundo para estudiar asuntos como la clonación molecular y la secuenciación de ADN.

Las nuevas fronteras

¿Qué más podemos aprender sobre las bacterias, los organismos más abundantes de la Tierra? La especie más común de bacteria se cree que es la *E. coli*. Puede que sea el organismo más estudiado de la Tierra. La *E. coli* crece fácilmente en el laboratorio y se reproduce rápidamente, cada 20 minutos aproximadamente. Esto significa que los científicos pueden observar su **evolución** (el cambio de las especies con el tiempo) sin tener que esperar miles de años. La *E. coli* nos ha ayudado a comprender cómo fabrica proteínas nuestro cuerpo, cómo envejecen las células, cómo se organiza el ADN y cómo funcionan los genes.

La ciencia de la microbiología juega un papel importante en muchos campos de la ciencia. Gran parte de nuestro mundo microbiano está aún por descubrir y por comprender. Puede que encontremos bacterias más comunes que la *E. coli*. O quizás hay bacterias que se descubrirán en otros planetas y lunas. ¡Hay muchas oportunidades en las carreras profesionales de este fascinante campo!

Preguntas para pensar

1. ¿Cómo puedes ayudar a prevenir una intoxicación alimentaria?
2. ¿Por qué es importante no abusar de los antibióticos?
3. ¿De qué manera son útiles las bacterias para el cuerpo humano?
4. La *E. coli* es tanto perjudicial como útil para los seres humanos. ¿Cuáles son algunas maneras en las que esta bacteria es perjudicial y algunas en las que es útil?

El problema de la conservación de agua

Las plantas enfrentan un curioso problema. Necesitan dióxido de carbono y agua para fabricar alimento y sustentar la vida. ¿De dónde obtienen estas sustancias?

El dióxido de carbono del aire entra en una hoja a través de aberturas llamadas **estomas**. Esto suele ocurrir durante el día, así que el dióxido de carbono está disponible para la **fotosíntesis** mientras brilla el Sol. Pero el agua sale de una hoja por sus estomas. Así que si la planta mantiene los estomas abiertos durante un día intensamente soleado para dejar entrar el dióxido de carbono, pierde agua. Si una planta pierde demasiada agua, as células se encojen y la planta se marchita. Si la planta marchita no consigue agua pronto, las reacciones químicas de las células se detienen y las células mueren. ¿Cómo equilibran las plantas su necesidad de dióxido de carbono con su necesidad de conservar agua? Las plantas tienen maneras asombrosas de tratar este problema.

Las hojas verdes de una planta son sus fábricas de alimento. Pero los gases que toman y emiten las hojas durante la fotosíntesis deben entrar y salir por las mismas aberturas de las hojas, dando a la naturaleza un reto de equilibrio.

Control de estomas

Las estructuras más importantes que tienen las hojas para controlar la pérdida de agua son los estimas. Cada estoma está controlado por dos **células guardián**. Las células guardián completamente hidratadas (llenas de agua) tienen forma de banana. Un par de células guardián hidratadas abren un estoma. Los gases como el vapor de agua y el dióxido de carbono pueden entrar y salir por un estoma abierto. Cuando las células de una hoja comienzan a perder agua, las células guardián también se deshidratan y se aplanan. El resultado es que se cierra el estoma, reduciendo la pérdida de agua.

Lo que es interesante es que el tamaño de la abertura del estoma no afecta la entrada de dióxido de carbono tanto como la salida de agua. Si un estoma está parcialmente cerrado, la pérdida de agua disminuye. El dióxido de carbono puede seguir entrando en la hoja y la fotosíntesis continúa. Sin embargo, cuando los estomas están totalmente cerrados durante condiciones especialmente calurosas o secas, hasta el dióxido de carbono ya no puede entrar en la hoja. El dióxido de carbono dentro de la hoja se acaba rápidamente y la fotosíntesis se detiene. A veces es más importante a corto plazo para la planta cerrar los estomas para conservar agua en las células que fabricar **azúcar** a través de la fotosíntesis.

Estomas abiertos y cerrados

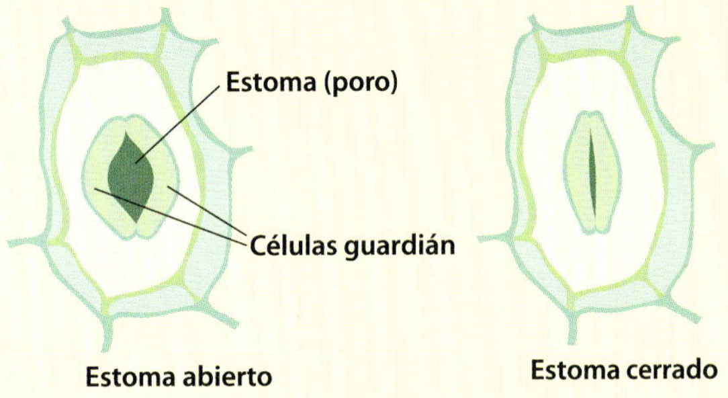

El estoma solo está abierto cuando las células guardián de alrededor están hidratadas. Al perder agua las células de la hoja, las células guardián se aplanan y cierran el estoma.

En el cactus saguaro, la fotosíntesis ocurre principalmente en la capa verde y cerosa de su tallo plisado. Las miles de púas son hojas modificadas, usadas más para sombra y protección.

Adaptaciones de las hojas

Las hojas tienen adaptaciones que también ayudan a conservar agua. La mayoría de las hojas tienen más estomas en la superficie inferior que en la superficie superior. Esto protege a la hoja porque se evapora menos agua de los estomas abiertos en la parte inferior, más sombreada y fresca, de la hoja.

La **cutícula** es una capa cerosa e impermeable en la superficie de la hoja. Reduce la cantidad de agua que se evapora de las células. En los climas secos, la cutícula de las hojas de algunas plantas es muy gruesa.

Algunas plantas tienen hojas muy gruesas y esponjosas que almacenan mucho agua. Como las hojas son tan gruesas, la mayor parte de su agua está lejos de la superficie y de los estomas, ayudando a conservar agua.

Muchas plantas del desierto tienen hojas muy pequeñas, resultando en un área de superficie menos para la **transpiración**. De hecho, ¡las púas de los cactus son hojas modificadas! Sin embargo, la pequeña superficie también reduce la fotosíntesis. Esto suele funcionar bien, ya que la falta de luz solar no suele ser un problema para las plantas del desierto. Y las plantas como las *Parkinsonia* y los cactus tienen cloroplastos en sus tallos. La fotosíntesis puede darse en esos tallos verde además de en las hojas.

Una planta del desierto tiene una manera asombrosa de conservar agua. La *Fenestraria rhopalophylla* de Suráfrica crece bajo tierra. Solo las puntas de las hojas sobresalen del suelo. Las hojas tienen una "ventana" clara en la punta expuesta. Las hojas son muy gruesas y su centro está lleno de células con agua. Las células de alrededor de esas células tanque de agua contienen cloroplastos. La luz solar pasa por la punta de la hoja a las células subterráneas que contienen los cloroplastos. Las células están protegidas de secarse, y también obtienen luz solar suficiente para la fotosíntesis.

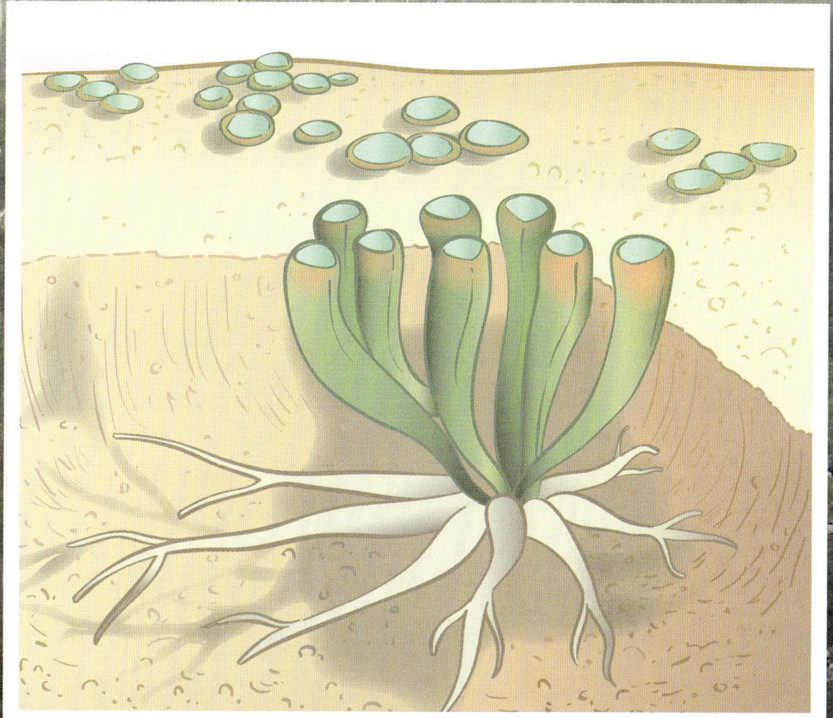

La *Fenestraria rhopalophylla*, conocida como dedos de bebé, está adaptada de una manera única a las condiciones secas del desierto. Solo las puntas de sus aplanadas y transparentes hojas emergen sobre la arena para dejar que la luz entre en las hojas.

Hojas que recogen agua

Algunas hojas recogen agua para la planta. Por ejemplo, las secuoyas a lo largo de la costa de California y Oregón obtienen aproximadamente la mitad del agua que necesitan de la niebla que llega del océano. Las gotitas de niebla se acumulan las cortas y delgadas agujas de las secuoyas. Las agujas de las secuoyas absorben parte de esa niebla. No tienen que esperar a que gotee, entre en el suelo y lo tomen las **raíces**. Este atajo les da a las secuoyas aproximadamente un 10 por ciento de su agua. Durante una noche de mucha niebla, puede gotear de una secuoya tanta agua como durante una lluvia abundante. Los árboles y las plantas debajo de ellos pueden sobrevivir los meses de verano, cuando hay poca lluvia pero mucha niebla.

Otras plantas que crecen en climas secos tienen hojas con pelusa que recogen humedad del rocío. La pelusa aumenta el área de superficie de la hoja, creando más espacio para que se condense el vapor de agua. El rocío recogido por las plantas peludas mantiene húmedo el suelo.

Las secuoyas de la costa del Pacífico absorben agua a través de sus hojas. En este sistema de hidratación bien calculado, la niebla costera proporciona humedad por la noche y se seca durante el día para dejar pasar la luz solar.

Los estomas de las hojas de la planta de la piña solo se abren por la noche para reducir la pérdida de agua.

Actividades nocturnas

Este es otro gran truco para ahorrar agua. Algunas plantas no abren para nada sus estomas durante el día. Solo los abren por la noche, dejando entrar el dióxido de carbono y perdiendo mucha menos agua. Pero hay un problema. Por la noche, no hay luz solar, así que la planta no puede fotosintetizar. En vez de eso, la planta convierte el dióxido de carbono en otras moléculas, atrapando así el carbono. Cuando sale el Sol, la planta cierra del todo sus estomas para no perder agua. Las hojas convierten el carbono atrapado en dióxido de carbono y la fotosíntesis da comienzo enseguida.

Toma nota

¿Dónde esperarías encontrar plantas que usan este tipo de actividad nocturna?

Resumen

Las plantas han **evolucionado** con adaptaciones asombrosas para equilibrar su necesidad de dióxido de carbono con su necesidad de reducir la transpiración y conservar agua. Las plantas tienen muchas estrategias, como diferentes tipos de hojas, la ubicación de los estomas y atrapar dióxido de carbono por la noche. ¡Las estrategias de las plantas son tan variadas como ellas!

Preguntas para pensar

1. **¿Por qué necesitan las plantas tanto dióxido de carbono como agua?**
2. **El agua transpira por las hojas de una planta. ¿Cuáles son varias estrategias que usan las plantas para disminuir la cantidad de transpiración?**

Agua, luz y energía

Tenías que regar las plantas de casa, ¡pero se te olvidó! Cuando finalmente te acordaste, ya era demasiado tarde. Las plantas estaban marrones y marchitas.

Las necesidades de las plantas

Las plantas necesitan agua para vivir. "Necesita agua" está en la lista de requisito de *toda* la vida.

¿Alguna vez has visto marchitarse a las plantas de casa, perder su color verde y morirse si no obtienen luz suficiente? "Necesita luz" no está en nuestra lista. ¿Es la luz uno de los requisitos para toda la vida? ¿Deberíamos añadirla a la lista, o podemos ver cómo la necesidad de luz de las plantas entra en la lista que ya tenemos?

Toma nota

Anota en tu cuaderno tus ideas sobre si "necesita luz" debería añadirse a la lista de requisitos para la vida.

El suelo seco es de lejos la razón más común por la que se marchitan las plantas. Un buen riego de agua suele reavivarlas.

Todas las células vegetales necesitan agua

La respuesta a nuestra pregunta sobre la luz comienza con el agua. Las plantas usan agua para transportar minerales a todas sus células. Cualquier sustancia de una reacción bioquímica debe disolverse en el agua. Las plantas también usan agua para enfriar el calor del día, darles forma y crecer. Las células vegetales están llenas de citoplasma, que es en su mayoría agua.

Las plantas obtienen el agua que necesitan del suelo. Los **pelos de la raíz** toman agua y la pasan a tubos celulares, que forman el tejido del **xilema**, parte del **sistema vascular** de la planta.

Tal como vimos en la investigación del apio, el xilema lleva agua hacia arriba por el tallo a unas **venas** más pequeñas en las hojas. De esta manera, todas las células de una planta obtienen agua y minerales del suelo. Los tubos del xilema están hechos de las paredes celulares de células del xilema muertas. Las células están conectadas de extremo a extremo en los tallos, como sorbetes largos. Los tubos forman un sistema de pipas que puede ser extremadamente largo y complejo, especialmente en árboles enormes como la secuoya gigante.

Los tubos del xilema en el apio llevan agua y minerales de las raíces de la planta hasta su tallo.

Las venas son con haces vasculares que forman redes de transporte por las hojas de la planta.

La pérdida de agua de las hojas por la evaporación se llama transpiración. Este proceso sube el agua hacia arriba de la planta.

Transpiración

¿Qué ocurre cuando el agua llega finalmente a las hojas? ¿Qué observaste en la bolsa alrededor de una rama con hojas? ¡Agua! ¿De dónde vino esa agua? Vino de la planta. Salió de las hojas de las plantas como vapor de agua y entró en la atmósfera. Este proceso se llama transpiración. El vapor de agua (¡gran cantidad!) sale de las hojas por unos poros pequeños llamados estomas (estoma = boca). Las células guardián abren y cierran los estomas. Controlan el movimiento de gases, incluidos el vapor de agua, que entra y sale de la hoja. Pero no toda el agua sale de la planta.

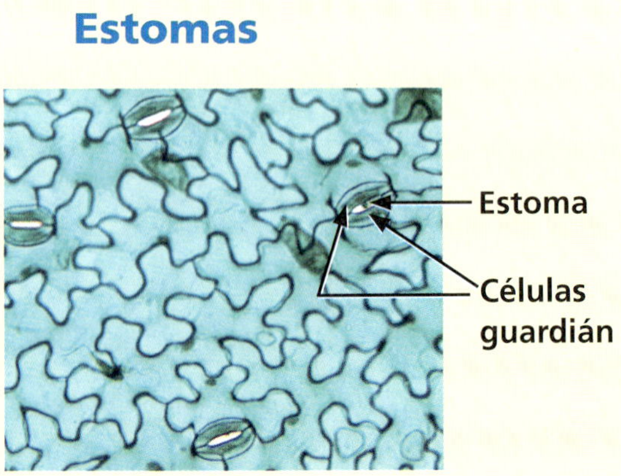

En la parte de abajo de las hojas hay unas diminutas aberturas llamadas estomas. Las células guardián rodean y regulan el intercambio de gas y humedad por estos "pasajes".

El agua es uno de los ingredientes que necesita una planta para producir alimento. Más adelante, cuando la planta usa su alimento como energía, ¡produce agua como producto secundario!

Fotosíntesis

Probablemente hayas oído decir que las plantas y las **algas** (y algunas bacteria) producen su propio alimento. ¿Cómo lo hacen y que tienen que ver el agua y la luz con esto? El proceso de la fotosíntesis es la respuesta. Pensar sobre la fotosíntesis nos ayudará a responder la pregunta sobre la luz. El agua está involucrada en el proceso de la fotosíntesis de al menos dos maneras.

El agua disuelve sustancias para hacerlas disponibles para las reacciones químicas. Una de esas sustancias es el gas dióxido de carbono. Los estomas se abren para el intercambio de gases, permitiendo que entre el dióxido de carbono de la atmósfera.

El dióxido de carbono se disuelve en agua en los espacios alrededor de las células. El dióxido de carbono disuelto entra en las células cercanas, donde se convierte en uno de los bloques de construcción del azúcar. Así que el agua hace que es dióxido de carbono esté disponible.

El agua también es importante porque es el otro bloque de construcción del azúcar. El agua se combina químicamente con el dióxido de carbono para producir azúcar. El azúcar proporciona energía alimentaria para la planta. Y proporciona alimento para cualquier otro ser vivo que se coma la planta.

Solo falta una cosa. ¿Qué crees que es? La otra cosa que necesitan las plantas para fabricar su propio alimento es la luz.

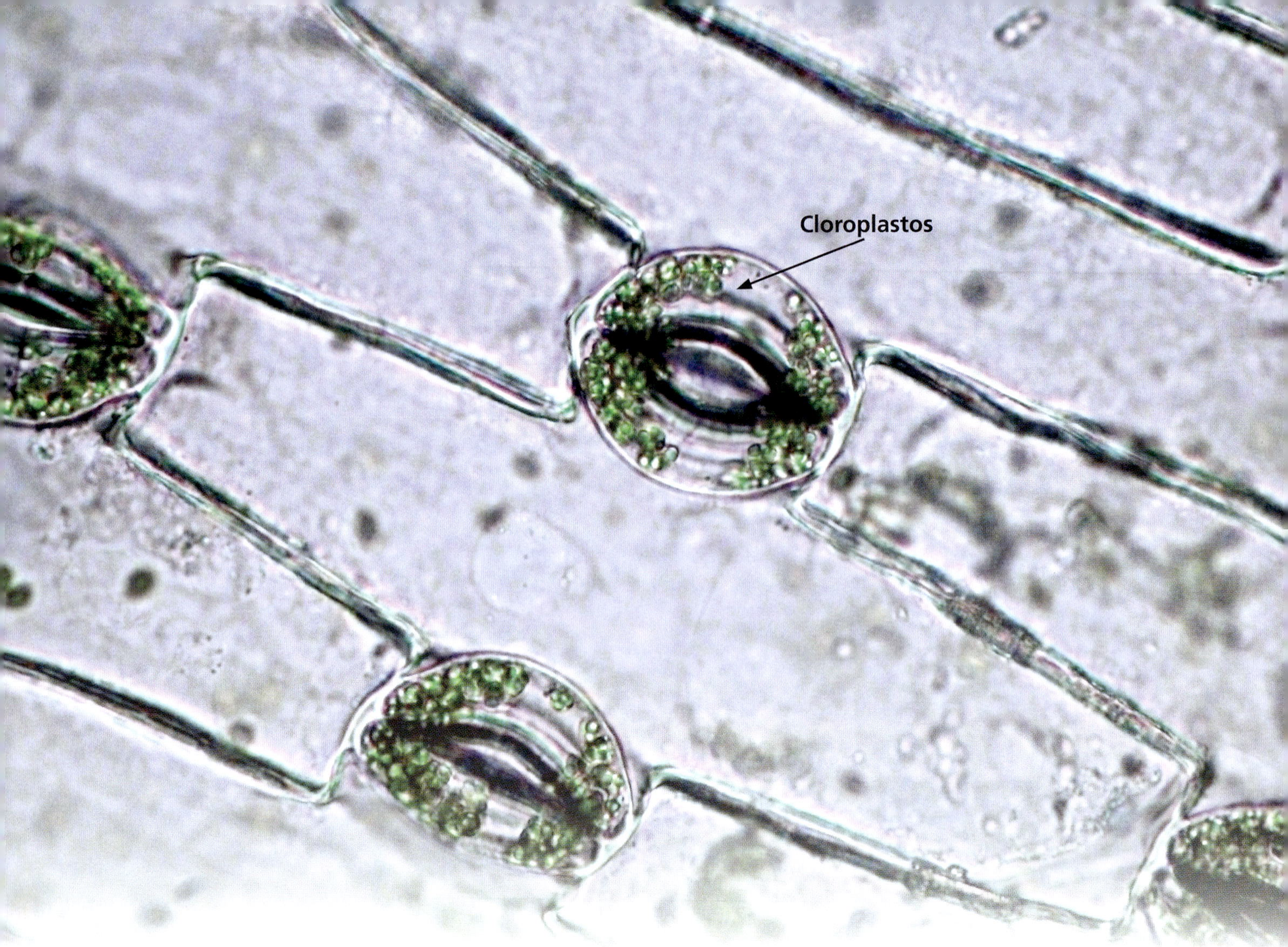

Los cloroplastos se encuentran incluso en las células guardián, aunque la producción de alimento no es la función principal de las células guardián.

$6CO_2$ + $6H_2O$ + energía de la luz ⟶ $C_6H_{12}O_6$ + $6O_2$

Dióxido de carbono + agua + la energía de la luz *produce* azúcar + oxígeno

La reacción química general simplificada puede expresarse de una manera.

Esta reacción solo ocurre en los cloroplastos, los orgánulos verdes que observaste en las células de la hoja de la **elodea**. No puedes simplemente disolver el dióxido de carbono, echarlo en agua, darle con energía lumínica y esperar que fabrique azúcares. La reacción solo ocurre en los cloroplastos. Un pigmento químico verde llamado **clorofila** le permite a la planta capturar y convertir la energía lumínica en energía química de los enlaces del azúcar.

Para fabricar su propio alimento, las plantas necesitan agua, dióxido de carbono, energía lumínica en forma de luz solar y clorofila. El proceso se llama fotosíntesis, lo cual tiene sentido porque *foto* significa luz y *síntesis* significa juntar.

Respiración celular aeróbica

Ahora sabemos cómo fabrican alimento las plantas que tienen cloroplastos. Pero las células en las raíces de las plantas no tienen cloroplastos. ¿Cómo obtienen el alimento que necesitan? El alimento fabricado por las células con clorofila debe llegar a las células de la raíz de algún modo. Junto al xilema hay otra parte del sistema vascular de la planta llamado tubos del **floema**. Estos tubos llevan azúcar de las hojas a todas las demás células de la planta.

A todas las células de una planta les llega el alimento a través del floema. Pero la energía almacenada en el azúcar no es una forma que puedan usar las plantas para crecer, reparar tejido dañado o crear estructuras nuevas.

Para transformar el azúcar en una forma que las células *pueden* usar, las plantas necesitan oxígeno. Viste esto durante la fotosíntesis, plantas que usan dióxido de carbono y emiten oxígeno. Pero las plantas también necesitan oxígeno.

Al igual que la mayoría de las células vivas, las células de plantas usan oxígeno para transformar la energía de los azúcares en una forma utilizable de energía. El oxígeno y el azúcar (una molécula llamada glucosa) se combinan para liberar energía, y se producen como desecho dióxido de carbono y agua. Esta reacción se da en cada célula vegetal, cada célula animal y casi todas las demás células vivas.

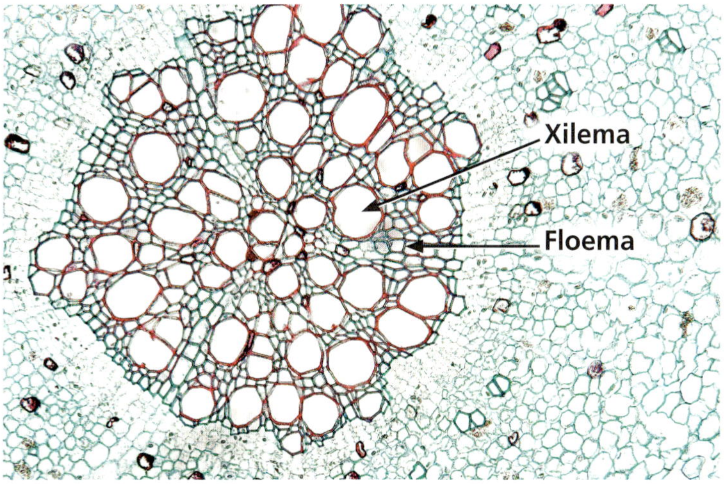

Este corte transversal de la raíz de una planta muestra el xilema y el floema pero no los cloroplastos.

Las células de las raíces subterráneas no fabrican su propio alimento porque no tienen clorofila.

$$C_6H_{12}O_6 + 6O_2 \longrightarrow 6CO_2 + 6H_2O + \text{energía}$$

Glucosa + el oxígeno *produce* dióxido de carbono + agua + energía

La reacción química puede expresarse de esta manera.

En las células eucariotas, este proceso ocurre en las mitocondrias. Se llama **respiración celular aeróbica** (*aeróbico* significa que usa oxígeno). ¿Observas algo diferente? Compara la ecuación para la fotosíntesis y la ecuación para la respiración celular. Las moléculas de azúcar están en lados opuestos de las ecuaciones y la energía lumínica se convierte en energía utilizable para la planta. Casi todos los organismos dependen de la respiración celular aeróbica para convertir glucosa en energía utilizable. Pero solo los organismos fotosintéticos pueden captar la energía del Sol para crear azúcares. ¿Cómo obtienen azúcar otros organismos? Todos los demás organismos deben comer organismos fotosintéticos, como las plantas, o comer organismos que hicieron eso.

Toma nota

¿En qué se parecen la fotosíntesis y la respiración celular? ¿En qué se diferencian?

Sin el Sol, tendríamos un planeta hambriento. La luz solar proporciona la energía necesaria para la fotosíntesis. En este proceso químico, las plantas fabrican alimento para ellas mismas, para los animales que se las comen y para los animales que se comen a esos animales.

Resumen

Las plantas necesitan agua. Extraen agua del suelo usando la transpiración. Las plantas transportan agua a todas las células, usando xilemas en su sistema vascular. El vapor de agua sale de las hojas a través de los estomas, que abren y cierran las células guardián. Las plantas fabrican su propio alimento a partir del agua y el dióxido de carbono. Este proceso, llamado fotosíntesis, usa la luz y la clorofila. El alimento que fabrican está en forma de azúcar (glucosa), que almacena energía. Las plantas transportan azúcar a todas las células usando floemas del sistema vascular. Las plantas, como la mayoría de las formas de vida, usan la respiración celular aeróbica para transformar el azúcar en energía utilizable para realizar todas las funciones vitales.

No necesitamos añadir "necesita luz" a nuestra lista de requisitos. La luz que necesitan las plantas forma parte de "necesita alimento". Así que riega esas plantas, ¡y asegúrate de que tienen la luz que necesitan!

Preguntas para pensar

1. **Explica por qué necesitan agua las plantas para fabricar alimento.**
2. **¿Cómo obtienen el agua que necesitan todas las células de una planta? Explícalo.**
3. **¿Fotosintetizan todas las células de plantas y animales? Explícalo.**
4. **¿Usan la respiración celular aeróbica todas las células de plantas y animales? Explícalo.**
5. **¿Es la luz un requisito para la vida? Explícalo.**

Producir trigo tolerante a la sal

Australia tiene un problema. Sus habitantes enfrentan una crisis agrícola. Y esta crisis también ocurre en otras partes del mundo.

El problema

Este es el problema. El trigo es el cultivo alimentario más importante de Australia, pero los terrenos agrícolas donde crece el trigo está volviéndose salada. La sal que afecta a las plantas es el cloruro de sodio. Esta es la misma sal que ponemos en nuestra comida: la sal de mesa.

El trigo es el cultivo alimentario más producido mundialmente, el cual proporciona aproximadamente el 20 por ciento de todas las calorías consumidas por las personas, más una porción significativa del pienso para animales.

Salinidad del suelo

Australia no es el único lugar del mundo donde la agricultura se ve amenazada por la sal del suelo. La sal se encuentra de manera natural en muchos suelos. Allí donde hay altos niveles de **salinidad** en el suelo (concentración de sal), la producción de cultivos puede verse afectada. Aproximadamente un 20 por ciento de los suelos de cultivo del mundo y la mitad de los terrenos irrigados del mundo tienen una salinidad alta del suelo. Estos niveles altos pueden estar causados por la sequía o la destrucción de los bosques. Cuando los agricultores irrigan el suelo para hacer crecer más cultivos y alimentar a las personas, las sales que hay de manera natural en el agua pueden acumularse en el suelo. La salinidad del suelo es uno de los **factores medioambientales** más importantes que influyen en el éxito o el fracaso de los cultivos alimentarios.

¿Cómo afecta la salinidad del suelo a las plantas? La sal puede evitar que una planta tome el agua que necesita para la fotosíntesis. La falta de agua puede detener el crecimiento de una planta. Disminuye la producción de las **semillas** y otras partes que nos comemos. Si la salinidad del suelo es demasiado alta, el agua puede salir de las células vegetales. La planta se morirá por pérdida de agua, aunque haya humedad en el suelo.

Las plantas pueden tolerar algo de sal (cloruro sódico) en el suelo. La alta salinidad del suelo puede provocar que el agua se mueva de las raíces de la planta al suelo, haciendo que la planta muera de deshidratación.

La tolerancia a la sal de los cereales

¿Pueden algunas plantas crecer en suelos salinos? Recuerda que aprendiste cómo el maíz, la cebada, la avena y el trigo crecen en condiciones saladas. ¿Cómo **germinaron** y crecieron estas semillas en medio ambientes salados en comparación con las semillas en los platos de control de agua dulce? Si las semillas germinan en medio ambientes salados, se consideran **tolerantes a la sal**.

Las plantas que son tolerantes a la sal tienen **factores genéticos** (genes en su ADN) que las ayudan de diferentes maneras. Un gen en el trigo panadero moderno (*Triticum aestiuvm*) previene que la sal entre en las raíces. Este método de barrera solo funciona en niveles bajos de salinidad. Un gen de la cebada (*Hordeum vulgare*) captura y almacena la sal en bolsillos celulares internos o vacuolas para mantener la sal fuera de las partes importantes de la hoja.

Por desgracia, la cebada y el trigo panadero no son los principales cultivos alimentarios de la mayoría de la población del mundo. El trigo candeal (*Triticum turgidum*) es el cereal principal en muchas partes del mundo. Se usa para hacer pasta, panes planos, bulgur y cuscús. Crece bien en climas semiáridos como el África del Norte y en partes de la India, Europa y Oriente Medio. Pero el trigo candeal es vulnerable a una salinidad alta del suelo. Los científicos de Australia aislaron un "gen tolerante a la sal" en el trigo escanda (*Triticum monococcum*), un pariente antiguo del trigo candeal. Hallaron que este gen fabrica una proteína que evita que el sodio entre en los brotes del trigo. Los científicos criaron una nueva variedad de trigo candeal que tenía el gen tolerante a la sal del trigo escanda. La nueva planta crece con éxito en campos salados.

El cuscús se hace de trigo candeal, un grano que crece mal en suelo salado.

El trigo candeal o *durum*, de la palabra latina para "duro", es el más firme de todos los trigos, ideal para la producción de pasta. Una nueva variedad tolerante a la sal podría salvar este cultivo básico.

Se prevé que población de la Tierra alcanzará los 9 mil millones para el año 2050. La tecnología agrícola debe estar a la altura.

Se prevé que población de la Tierra alcanzará los 9 mil millones para el año 2050. La demanda de alimentos será mucho más grande de la que es hoy. Al hacerse más frecuentes las sequías y subir los niveles del mar, la salinidad del suelo aumenta en muchas zonas agrícolas importantes. Así que el terreno disponible para cultivar trigo disminuye. Al crear trigo que es más tolerante a la sal, los científicos creativos han hecho posible cultivar trigo en suelos salados. Los nuevos cultivos ayudarán a alimentar a miles de millones de personas de todo el mundo, ahora y en el futuro.

Preguntas para pensar

1. ¿Cómo afecta a las plantas la salinidad del suelo (un factor medioambiental)?
2. ¿Cómo permiten a las plantas algunos factores genéticos que sean más tolerantes a la sal?
3. ¿Cómo están haciendo los científicos que el trigo candeal sea más tolerante a la sal? ¿Por qué es esto importante?

La creación de una planta nueva

Las plantas con flor se reproducen sexualmente. Es decir, se forma una descendencia de plantas nuevas con la información genética de las dos plantas padre. ¿Cuáles son los pasos del proceso?

Plantas con flor

Las semillas contienen un **embrión**, que es la planta bebé viva que podría convertirse en una nueva planta. El **ovario** de la **flor** es donde se desarrollan las semillas. Las semillas comienzan como **óvulos**, diminutas semillas en potencia, en el ovario. El ovario está en la base del **pistilo** en el centro de la flor. Dentro de cada óvulo hay una única célula sexual femenina, un **huevo**.

Las flores tienen una asombrosa variedad de colores, formas y aromas; no por su belleza, sino para su supervivencia. Estas características atraen y acomodan a polinizadores que hacen posible la producción de semillas.

Una célula de **esperma** masculina está dentro de un grano de **polen** en una antera. La célula de esperma debe fusionarse (unirse) con una célula de un huevo en lo profundo del ovario de otra flor. ¿Cómo hace esto? El grano de polen va de una flor a otra con la ayuda de un animal, el viento o el agua. La entrega del polen es la **polinización**. Poco después de aterrizar en el pegajoso **estigma**, el grano de polen hace algo increíble. Le crece un tubo largo, como una raíz, por abajo de la longitud del pistilo y hacia el óvulo. El esperma, que contiene información genética masculina, viaja por el **tubo del polen** hacia el óvulo. Se fusiona con el huevo, que contiene información genética femenina, para formar una única célula fértil.

Después de la **fertilización**, la célula única se divide. Cada una de esas células se divide, una y otra vez, hasta que la masa de las células se desarrolla en forma de embrión como el que viste en la disección de una semilla. Luego el desarrollo se detiene.

La planta padre entrega el embrión en reposo con un paquete de alimento rico en energía, el futuro **cotiledón**. Enrolla todo el sistema en una capa impermeable. La planta ha producido una semilla, el paquete vivo que se desarrollará en una nueva generación.

Partes reproductoras de una flor

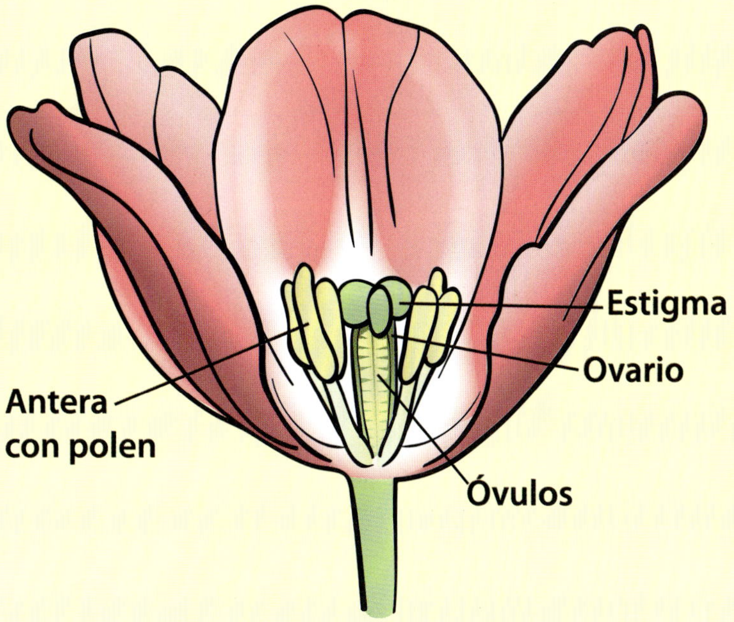

Las flores son las estructuras reproductivas de una planta. Una flor tiene tanto partes masculinas como femeninas. Estudia el diagrama para identificar cuál es cuál.

Algunas plantas tienen flores que producen una única semilla, como la flor del melocotonero o la flor del cerezo. En este caso, el ovario contiene solo el óvulo. Otras plantas, como las habichuelas o los manzanos, tienen flores con quizás de cinco a quince óvulos en el ovario. Otras, como las flores de la tomatera y la sandía, tienen cientos de óvulos en el ovario. Cada óvulo puede producir una nueva planta si se fertiliza. Mientras el óvulo fertilizado se desarrolla en una semilla, el ovario que contiene la semilla se desarrolla en un **fruto**. El fruto es cualquier estructura que crece alrededor de las semillas. Asegura la supervivencia y el éxito de la próxima generación. Algunos frutos familiares son las uvas, los limones, los melones y las peras. Hablando de manera científica, una cantidad de alimentos que llamamos vegetales son en realidad frutos, como los tomates, las calabazas, los frijoles, los pepinos, los pimientos y las berenjenas. La regla general es, si tiene semillas, es un fruto.

Los frutos pueden caerse de la planta, ser comidos o transportados por la planta madre. Si la semilla dentro del fruto acaba en un lugar adecuado, germinará y crecerá como una planta nueva.

El fruto de la sandía crece del ovario de la flor de la sandía hembra.

Las suaves fibras blancas de las semillas del diente de león actúan como paracaídas, ayudando al viento a levantar y llevar las semillas a nuevos lugares.

Semillas en movimiento

Cada semilla de diente de león está equipada con un poco de pelusa que la lleva a un lugar nuevo. El viento puede ser un mecanismo efectivo para mover pequeñas semillas a nuevos lugares.

Mecanismos de supervivencia

Las plantas están por todo nuestro alrededor. A menudo, los tipos de plantas que ves en una zona ayudan a definir una ubicación. Piensa en los majestuosos bosques de secuoyas de California, las vivas hojas de otoño de los árboles de madera noble de Nueva Inglaterra y los cactus gigantes de saguaro de Arizona. ¿De dónde vinieron estas plantas?

Una vez que una planta echa raíces, está anclada del todo. No puede moverse a una fuente de agua o buscar mejor acceso a la luz solar. Sin embargo, en la fase inicial de su vida, una planta puede viajar. La mayoría de las plantas crecen a partir de semillas. Como las semillas son pequeñas y están contenidas, se mueven fácilmente de un lugar a otro. Durante la fase de semilla de sus vidas, las plantas expanden su alcance y colonizan territorios nuevos.

Este superpoblado campo de amapolas muestra por qué la dispersión de semillas es importante para las plantas. Una semilla de amapola que se cae al suelo puede no tener suficiente luz solar, agua, nutrientes o espacio para germinar y crecer.

Pero hay un problema con este plan. Las semillas no tienen patas, aletas o alas. No pueden moverse solas. Si van a establecerse en un sitio nuevo, necesitan un agente que las mueva.

Esparcirse desde un punto inicial se llama **dispersión**. Las plantas jóvenes a menudo se benefician de estar a cierta distancia de la planta madre. Allí no tienen que competir por los recursos con una planta más grande y establecida. Los métodos que usan las plantas para dispersar sus semillas se llaman **estrategias de dispersión de semillas**. Las estructuras de las semillas que les permiten viajar son los **mecanismos de dispersión de semillas**.

Una estrategia para la dispersión de semillas es producir muchas semillas. Si una planta produce 10,000 semillas, es probable que unas pocas acaben a cierta distancia de la madre. Por ejemplo, la amapola asiática produce grandes números de semillas pequeñas, suaves y redondas. La mayoría de ellas se caen de la vaina y acaban bastante cerca de la madre. Sin embargo, de vez en cuando una se cae sobre algo pegajoso, como una gotita de savia. Si una persona, perro o roedor pisa la semilla, puede pegársele a la pata un tiempo y viajar lejos antes de caerse. Si el nuevo lugar es apropiado para las amapolas, la planta ha extendido su alcance. Un índice de supervivencia de 1 en 10,000 no es muy prometedor. Pero a la larga, le permite a la población de la planta tener éxito y extender su alcance.

Viento

Algunas plantas usan el viento para dispersar semillas. Las semillas suelen ser muy ligeras. A menudo tienen un mecanismo que atrapa el viento, como una vela, un penacho o un paracaídas. Las semillas aéreas viajan hasta que para el viento, las agarra un obstáculo, o si la lluvia o el rocío las sumerge.

Los dientes de león y los algodoncillos producen semillas con penacho que pueden recorrer muchos kilómetros antes de aterrizar. Las semillas de arce vienen en parejas y parecen alas. Cuando una ráfaga de viento las suelta del árbol, pueden volar con las corrientes de viento y caer, girando como un helicóptero.

La planta rodadora del suroeste de los Estados Unidos usa una estrategia diferente con el viento. Después de producir semillas, la planta rodadora se muere y se separa de sus raíces. La planta muerta es una masa ligera y casi esférica de ramas y palitos cubiertos de miles de semillas. Cuando el viento sopla fuerte, la planta rodadora salta y da volteretas por el desierto o la pradera, dejando un rastro de semillas. Las semillas que se caen en lugares favorables pueden crecer y desarrollarse en plantas rodadoras del siguiente año. Esta estrategia es demasiado exitosa en medio ambientes donde la planta rodadora no es nativa. La planta rodadora viene de Rusia. Los humanos la introdujeron en el Oeste Americano en la década de 1870. Esta especie invasora se considera ahora una plaga, ya que puede crecer hasta el tamaño de un carro pequeño y disminuye la calidad de los terrenos agrícolas.

Las plantas rodadoras muertas esparcen sus semillas cuando las mueve el viento. Esta planta invasora se extiende lejos y rápidamente porque el terreno de desierto llano facilita que rueden.

Agua

Las plantas que crecen en o cerca del agua a menudo usan la flotación como estrategia para dispersar semillas. Los flotadores suelen ser bastante ligeros, con una cáscara que es menos densa que el agua. Una capa cerosa y hermética dentro de la cáscara a menudo recubre el fruto.

La palmera de cocos es la campeona cuando se trata de dispersar una larga distancia por el agua. Las palmeras de cocos estás adaptadas para crecer en la playas. Los árboles pueden incluso crecer sobre el agua y dejar caer su fruto directamente en la corriente. Más a menudo, el fruto se cae en la playa, donde puede ser arrastrado más tarde al mar por la marea alta o por una tormenta.

Lo que ves en la tienda es la semilla del coco. Es enorme. De hecho, es una de las semillas más grandes del mundo. El fruto del coco es aún mayor. Está hecho de un material fibroso de muy baja densidad. Un coco puede flotar en las corrientes oceánicas durante semanas antes de que el agua salada penetre en la semilla y la estropee. Si llega a una playa antes de morir, puede germinar.

Muchas de las plantas que se encuentran en islas tropicales llegan por el mar. Un paseo por la playa mostrará una gran variedad de semillas flotantes.

Algunas semillas las dispersa el agua. Una cubierta leñosa e impermeable y una bolsa de aire interna le permiten a la semilla de coco flotar durante largos períodos de tiempo y dejarse llevar durante cientos de kilómetros.

Animales

Los animales participan en la dispersión de semillas de muchas maneras. ¿Alguna vez has acariciado a un gato o a un perro y descubierto un abrojo de cola de zorro u otra semilla agarrada a su pelaje? Los ganchos, púas, espirales y partes pegajosas pueden hacer que una semilla se agarre al pelaje, las plumas o las patas de un animal que pasa. Estos autoestopistas suelen ser bastante pequeños y ligeros. Una vez que se agarran al animal, la semilla puede viajar unos pocos metros o incluso kilómetros antes de caerse o de que se la quite el portador.

¿Quieres descubrir qué plantas de tu barrio usan esta estrategia de dispersión de semillas? Toma un par gastado de calcetines, ponlos sobre tus zapatos y da un paseo corto por un campo seco o un sendero que tenga pasto alto ya seco. Mírate los calcetines al cabo de un rato. Intenta quitar las semillas y verás lo eficaces que son algunos mecanismos de dispersión. Podrías ir un paso más allá y plantar los calcetines viejos bajo un par de centímetros de suelo, regarlos, ¡y a ver qué sale!

Las aves son grandes transportadores de semillas. Comen frutos con semillas dentro, y más tarde las semillas se eliminan en los excrementos, a menudo lejos de la planta madre.

Otra manera de dispersar semillas es al comer los animales los frutos que las contienen. Algunas semillas pasan completamente por el tracto digestivo de un animal sin ser dañadas. Esas semillas tienen coberturas muy duras. Una urraca puede tragarse una cereza, volar al siguiente condado mientras digiere el fruto y eliminar la semilla en un excremento a varios kilómetros de distancia. Las aves y los murciélagos de la fruta llevan semillas entre muchas de las pequeñas islas de los trópicos exactamente de esta manera.

Una tercera manera en que los animales ayudan a la dispersión de semillas es juntando y almacenando semillas como alimento. Las ardillas son famosas porque entierran bellotas, cacahuates y otros frutos secos en muchos lugares como preparación para el invierno. No siempre recuerdan dónde los enterraron. Estas semillas perdidas u olvidadas pueden germinar y crecer en la primavera. Las hormigas también juntan y almacenan semillas como alimento. Estas semillas pueden crecer si no son comidas.

Una ardilla a menudo olvida dónde ha guardado semillas.

Eyección

Algunas plantas dispersan sus semillas de golpe. Cuando las vainas de los frijoles se secan en la planta madre, se retuercen y se vuelven frágiles. Cuando están completamente secas, pueden reventar de golpe y lanzar las semillas lejos de la planta madre. La glicina es una campeona en esta técnica. Expulsa las semillas a 20 metros (m) o más, con un ruido fuerte al reventar la vaina. El muérdago es un parásito que se adhiere a las ramas de árboles y extrae agua del huésped. Cuando las vainas maduran, revientan y expulsan una semilla suave y pegajosa hasta a 15 m de distancia. Si la semilla golpea otro árbol, se pegará y crecerá una planta nueva de muérdago.

La glicina, miembro de la familia de los guisantes, es una parra con flores moradas que florecen a principios de primavera.

Después de florecer, las plantas de glicina desarrollan vainas de semillas largas y duras. En un día caluroso de otoño, las vainas secas explotan con un estallido ruidoso y lanzan las semillas lejos de la parra.

Las flores del cosmos crecen muy altas muy rápidamente. Las coloridas flores vuelven cada año gracias a la auto distribución de semillas y gracias a los animales.

Combinación

Algunas plantas dispersan semillas de más de una manera. Las flores del cosmos son un ejemplo. Cada flor del cosmos produce muchas semillas. Cada semilla tiene ganchos que pueden agarrarse al pelaje de animales que pasan o la ropa de las personas. Estas semillas a menudo se dispersan con amplitud. Muchas otras semillas se caen al suelo cerca de la planta madre y pueden quedar enterradas en el suelo. Si las condiciones siguen siendo favorables, las semillas enterradas germinarán donde la planta madre creció la estación anterior. Si las condiciones han cambiado a peor, las semillas dispersas crecerán mejor en un lugar nuevo que tenga condiciones más favorables.

Volvamos a la pregunta inicial . . . ¿de dónde vinieron las plantas? Vinieron de todas partes. Algunas volaron, otras fueron lanzadas, algunas fueron en los lomos de animales, algunas fueron eliminadas en excrementos y unas pocas flotaron. Cada planta crece donde está porque la madre tiene un mecanismo de dispersión de semillas que funcionó.

Con una dispersión de semillas exitosa, la nueva planta prospera y el ciclo de vida continúa.

Preguntas para pensar

1. **¿Por qué es importante la dispersión de semillas para una planta?**
2. **¿Qué estrategias de dispersión de semillas encontraste en tu búsqueda de semillas?**

Cuadros de Mendel y de Punnett

¿Cuál fue el descubrimiento de Mendel? ¿Qué observó este monje austríaco en su jardín que estableció la base de la genética moderna y el estudio de la herencia?

Gregor Mendel (1822–1884) era un buen observador de la naturaleza. Observó que los guisantes tenían muchas variaciones de planta a planta. Concentró en sus experimentos en varias **características** de la planta de guisantes. Estas incluían el color de las flores, el color de las semillas y la altura de la planta. Mendel eligió plantas con dos rasgos posibles para estas características. Algunas plantas producían flores moradas y otras producían flores blancas. Algunas plantas producían semillas verdes y otras producían semillas amarillas. Algunas plantas eran altas y otras eran bajas. Mendel decidió buscar patrones en estos rasgos durante múltiples generaciones.

Mendel crió y observó pacientemente la planta de guisantes, *Pisum sativum*. Estas plantas eran ideales para sus experimentos porque crecen y se reproducen muy rápidamente.

Métodos

Mendel diseñó tres etapas para su experimento.

Etapa 1. Mendel crió varias generaciones de plantas de guisantes. Usó polen de una planta para polinizar otras flores de la *misma* planta. Plantó semillas de las plantas maduras, criando generaciones de plantas autopolinizadas. Después de unas cuantas generaciones, se criaron puras. Criarse puras significa que toda la descendencia tiene exactamente los mismos rasgos que la madre. En el caso de Mendel, las plantas altas produjeron semillas que resultaron solo en descendencia alta. Las plantas bajas produjeron semillas que resultaron solo en descendencia baja. Estas plantas de crianza pura altas o bajas se convirtieron en los padres de la etapa 2. Mendel los identificó como la **generación padre (generación P)**.

Etapa 1: Autopolinización

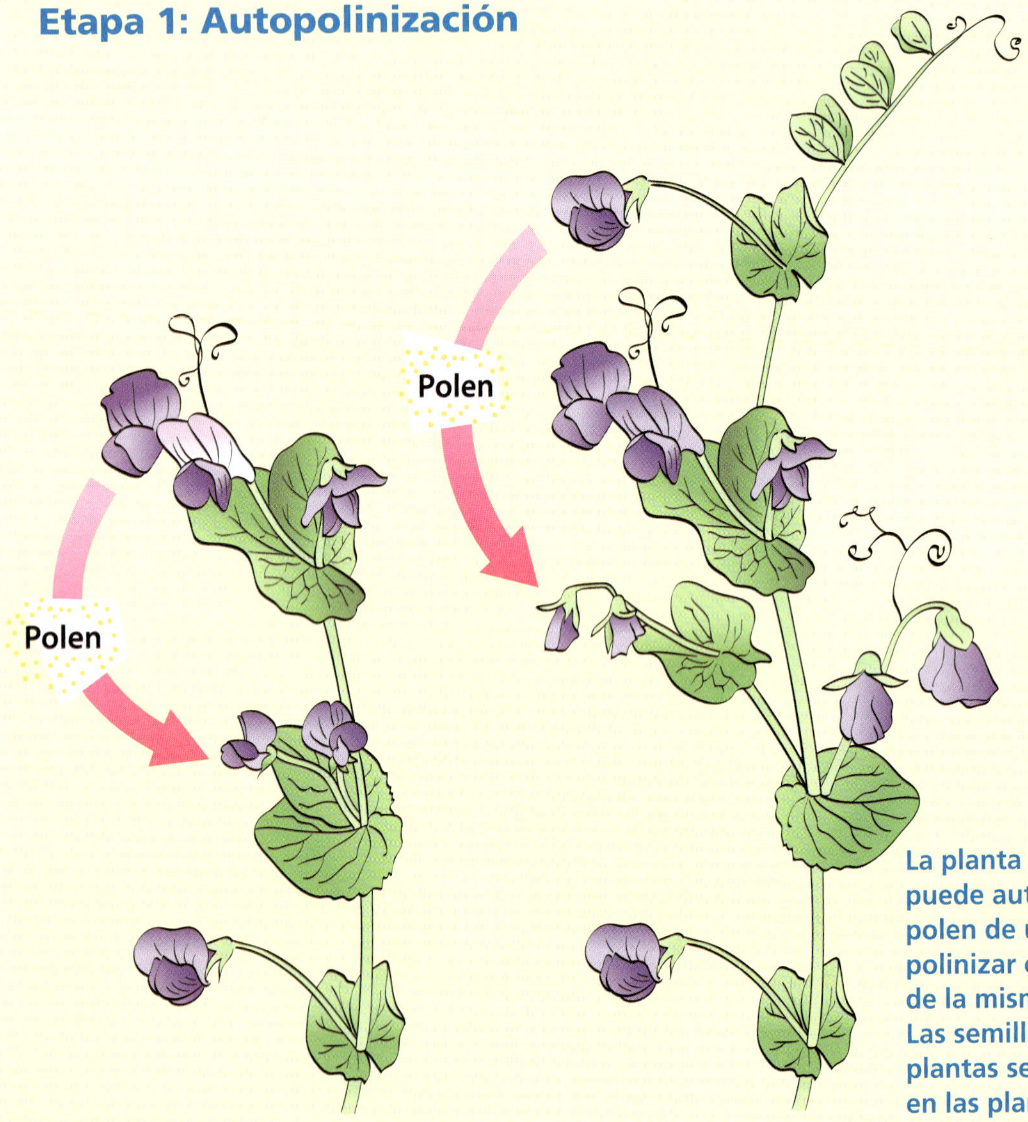

La planta de guisantes puede autopolinizarse. El polen de una flor puede polinizar otras flores de la misma planta. Las semillas de estas plantas se convirtieron en las plantas padre de la Etapa 2 de Mendel, la generación padre.

Etapa 2. Mendel hizo una polinización cruzada con cuidado de las plantas padre altas y las plantas padre bajas. Colocó el polen de todas las plantas altas en las flores de las plantas cortas, y el polen de las plantas bajas en las flores de las plantas altas.

Mendel llamó a la primera descendencia de la generación P la primera generación **filial**. (*Filial* significa hijos e hijas). Los identificó como la **generación F_1**. Cuando Mendel hizo una polinización cruzada de la generación P para producir una generación F_1, todas las plantas F_1 fueron altas. El rasgo de planta baja desapareció.

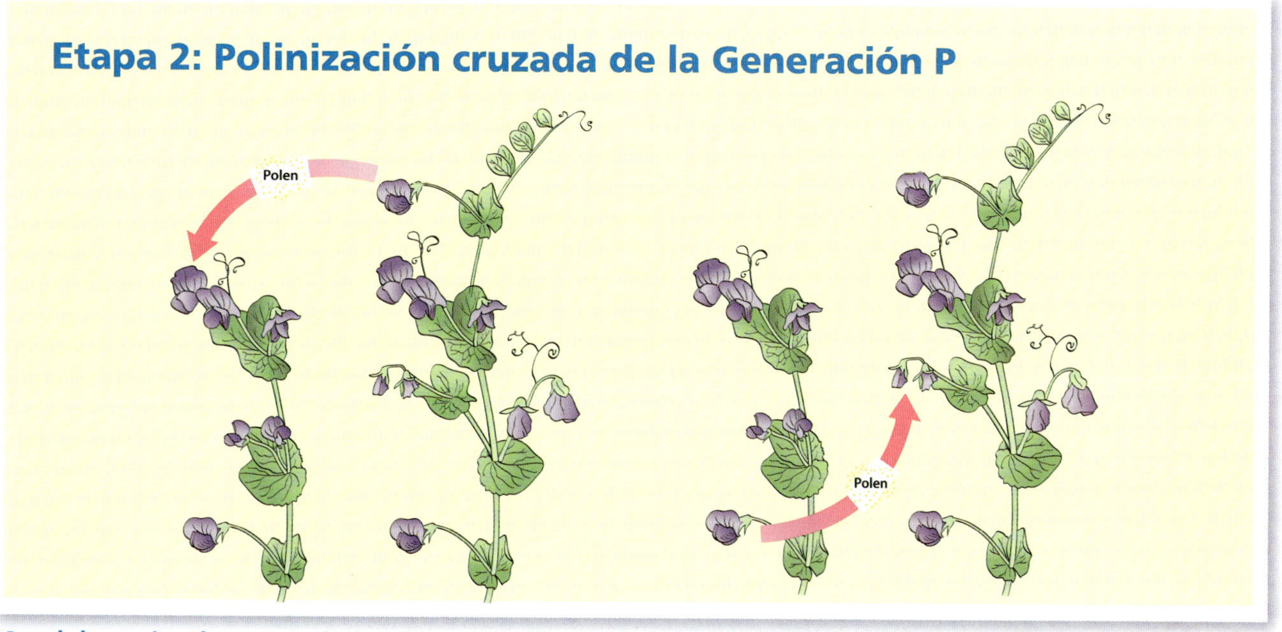

Mendel previno la autopolinización natural quitando los estambres de las flores de ciertas plantas. Luego controló la polinización cruzada espolvoreando polen a mano entre las diferentes plantas.

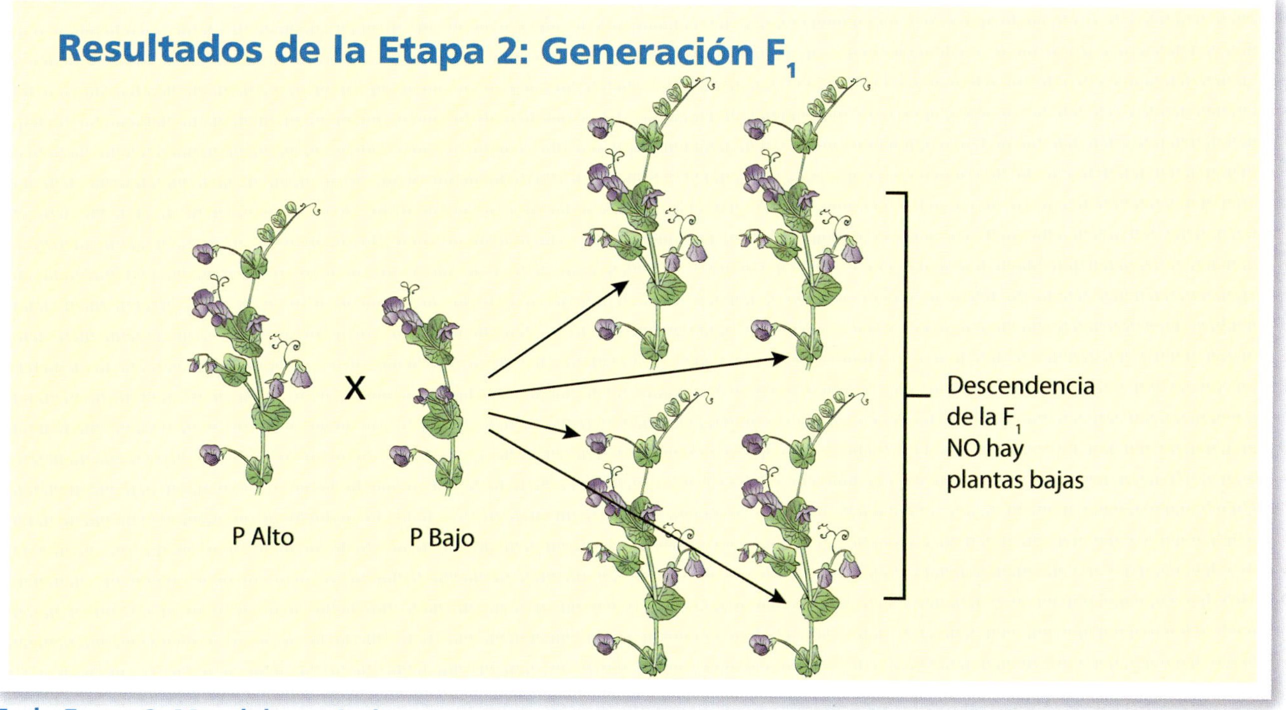

En la Etapa 2, Mendel cruzó plantas puras altas y bajas. Los resultados fueron consistentes: solo aparecieron las plantas altas en la siguiente generación.

Resultados de la Etapa 3: Generación F_2

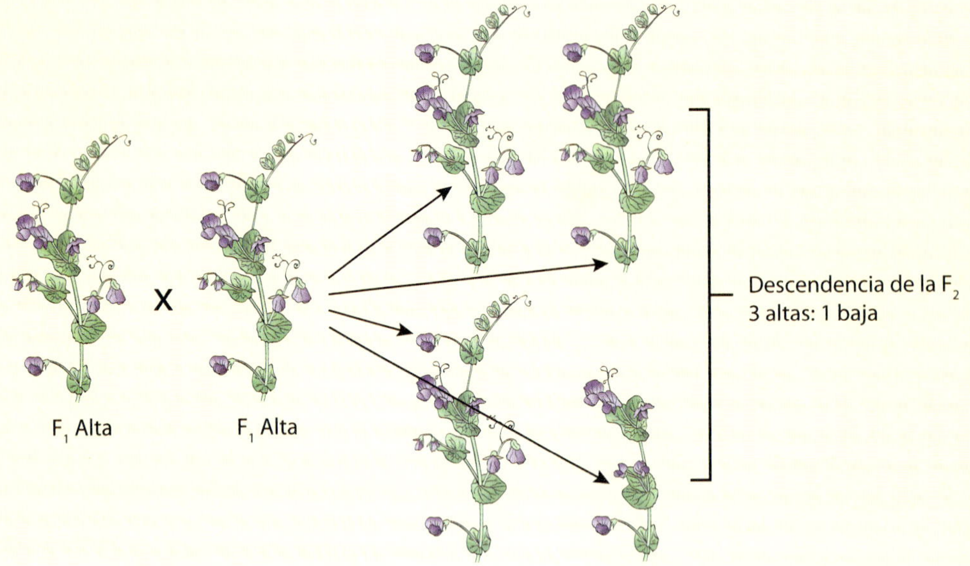

En la Etapa 3, Mendel cruzó las plantas altas de la generación F_1. Los resultados fueron algunas plantas altas y algunas plantas bajas. Las plantas bajas reaparecieron en la generación F_2.

Etapa 3. Mendel hizo una polinización cruzada de plantas altas con plantas altas, todas de la generación F_1. La descendencia se llamó **generación F_2**. Cuando cruzó plantas altas de la generación F_1 con otras plantas altas de la generación F_1, ¡algunas plantas de la generación F_2 fueron altas y otras bajas! El rasgo de altura baja desapareció en la generación F_1 y reapareció en la generación F_2.

Este es el diagrama de los resultados de Mendel. Cuenta el número de plantas bajas y altas. ¿Qué proporción encuentras en la generación F_2?

Cuando Mendel contó el número de plantas altas y bajas en la generación F_2, encontró que la proporción de plantas altas a bajas era de 3:1. ¿Cómo podían ser bajas una de cuatro plantas, cuando las plantas bajas no estaban en la generación F_1?

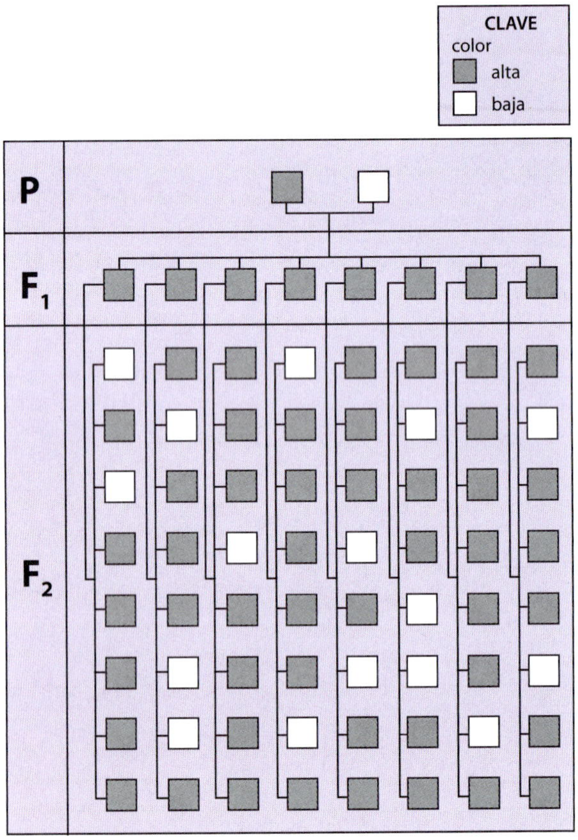

Los meticulosos experimentos de Mendel establecieron que los rasgos pasan de padres a descendencia en maneras predecibles matemáticamente.

Los niños pueden heredar rasgos expresados en sus abuelos pero no en sus padres. La observación de Mendel de los alelos dominantes y recesivos explica cómo pueden saltar una generación los rasgos.

El descubrimiento de Mendel

Mendel tuvo una idea novedosa. Dedujo que la descendencia hereda algo que determina sus rasgos. Llamó a la cosa heredada un factor. Estos factores se llaman ahora genes. Mendel concluyó que los genes están en parejas. Cada miembro de una pareja de un gen se llama un **alelo**. Un organismo tiene dos alelos para cada rasgo, uno de la madre y uno del padre.

Mendel usó los términos **dominante** y **recesivo** para describir lo que observó. Cuando cruzó una planta alta pura (ambos alelos de altura alta) con una planta baja pura (ambos alelos de altura baja), toda la descendencia F_1 recibió un alelo de planta alta y un alelo de planta baja. Solo apareció el rasgo alto. Así que llamó a la planta alta alelo dominante.

Mendel razonó que el alelo de planta baja seguía allí, pero lo ocultaba el alelo dominante de planta alta. Llamó al alelo de planta baja alelo recesivo. El rasgo recesivo solo aparecería si la descendencia heredara el alelo recesivo de ambos padres. En la generación F_2, esa combinación ocurriría una vez de cada tres combinaciones dominantes, explicando la proporción 3:1 de plantas altas a plantas cortas.

En 1865, Mendel anunció que los organismos pasan unidades de información a su descendencia durante la reproducción. Esta herencia genética le permite a la descendencia desarrollarse como sus padres. Él no sabía qué eran las unidades, pero entendía cómo actuaban. Sin ser capaz de verlos, Mendel había descubierto la existencia de los genes y descrito cómo funcionaban.

Genes y cuadros de Punnett

Para el principio del siglo XX, los cromosomas habían sido descubiertos. Walter S. Sutton (1877–1916) fue el primer científico en reconocer que los cromosomas llevaban los factores de Mendel. En 1905, Reginald Punnett (1875–1967) publicó un libro de texto llamado *Mendelismo* que presentó la **genética** al público. También hizo un modelo que predecía la probabilidad de los posibles genotipos y los **fenotipos** (la aparición de rasgos) que producen. El modelo de Punnett todavía se usa. Es un sistema simple de dos coordenadas llamado el **cuadro de Punnett**. Usemos los descubrimientos de la planta de guisantes de Mendel para ver cómo funciona.

Usa la letra l para representar el gen que determina la altura de la planta. L representa el alelo dominante y l el alelo recesivo. Las plantas de guisantes altas puras de Mendel tenían dos alelos dominantes (LL). Las plantas de guisantes bajas puras tenían dos alelos recesivos (ll). Ambas plantas eran **homocigóticas** para la característica de la altura. Esto significa que los alelos eran idénticos. La planta alta era homocigótica dominante (LL) y la planta baja era homocigótica recesiva (ll).

Huevo femenino (alta)

Polen masculino (baja)	L	L
l		
l		

Los descubrimientos publicados de Mendel de sus experimentos de la planta de guisantes fueron ignorados por la comunidad científica durante más de medio siglo. Pero los principios que propuso en 1866 son la base de nuestros conocimientos de la herencia genética.

Completar los cuadros con los alelos produce cuatro descendientes posibles. Cada descendiente tiene solo una combinación posible de alelos (Ll). Como toda la descendencia tiene un alelo dominante, todos tienen el fenotipo de planta alta. Los genotipos de estas plantas son **heterocigóticos**. El gen está representado por un alelo dominante y un alelo recesivo.

Huevo femenino (alta)

Polen masculino (baja)		L	L
	l	Ll	Ll
	l	Ll	Ll

Veamos qué ocurrió cuando Mendel cruzó la generación F_1 de plantas altas. Recuerda que todas las plantas eran alta, pero tenía un alelo dominante y un alelo recesivo (Ll).

Huevo femenino (alta)

Polen masculino (baja)		L	l
	L	LL	Ll
	l	Ll	ll

El resultado fue una proporción de tres descendientes altos a uno bajo. El cuadro de Punnett explica esta proporción. De los cuatro descendientes posibles, tres tienen el alelo dominante (un LL y dos Ll) que resultan en tres plantas altas. El cuarto tiene dos alelos recesivos (ll) que resultan en una planta baja.

Podemos inferir dos cosas. Cada descendiente de un cruce entre guisantes con el genotipo Ll tiene un 75 por ciento de probabilidad de heredar el fenotipo bajo y un 25 por ciento de probabilidad de heredar el fenotipo bajo. En una población de guisantes, la proporción de rasgos de las plantas estará más cerca de 75 por ciento de altas y 25 por ciento de bajas.

Los agricultores han conocido desde hace mucho la utilidad de la cría selectiva: criar plantas durante muchas generaciones para conseguir ciertos rasgos deseables en los cultivos.

Resumen

El trabajo de Mendel predijo que los rasgos podrían desaparecer en una generación y reaparecer en la siguiente. Su idea de los factores explicaba las observaciones que hizo en sus experimentos. Además, podía predecir el número de descendientes que tendrían un rasgo dominante y un rasgo recesivo.

Los experimentos de Mendel descubrieron dos principios importantes en la ciencia de la herencia. 1) Dos factores (alelos) determinan los rasgos. Un alelo viene de cada padre. 2) Los alelos pueden ser dominantes o recesivos. Los alelos recesivos pueden estar presentes pero ser invisibles en un organismo.

El modelo de Punnett estaba basado en los conocimientos de Mendel. El cuadro de Punnett nos permite calcular la probabilidad de que ciertas combinaciones genéticas aparezcan en la descendencia.

Predecir los rasgos en la descendencia es sencillo solo en los rasgos que determina un gen. Mendel tuvo la fortuna de elegir rasgos que estaban determinados por un solo gen. Sin embargo, la mayoría de los rasgos están influenciados por muchos genes.

Pregunta para pensar

Los experimentos de Mendel mostraron que la característica del color de la flor de la planta del guisante se determinaba genéticamente. El alelo dominante producía flores moradas (F). El alelo recesivo producía flores blancas (f). Mendel cruzó dos plantas de guisantes, ambas con flores moradas. Alguna descendencia tenía flores moradas y otra tenía flores blancas. Explica el resultado. Usa un modelo para apoyar tu explicación.

La mayoría de los rasgos físicos, incluidos la textura del pelo y el color de los ojos, son rasgos heredados. Algunos rasgos, como los hoyuelos, se determinan por un solo gen. Otros, como el color de los ojos, son controlados por muchos genes.

Una libélula puede mover cada una de sus cuatro alas independientemente y por eso puede volar hacia arriba o hacia abajo, adelante o atrás, sostenerse en el aire o hacer giros cerrados. ¡Un buen espectáculo aéreo!

Esos asombrosos insectos

Hay millones de tipos de insectos, metidos en cada lugar imaginable de este planeta. ¿Cómo proporciona espacio la Tierra para tantos insectos diferentes?

Ser diferente

Cada tipo de insecto tiene alguna estructura o comportamiento que lo hace diferente de otros insectos. Cada uno tiene una manera única de conseguir recursos, encontrar espacio y reproducirse. Algunas estructuras y comportamientos con las que han evolucionado los insectos son asombrosos, y hay sin duda muchos más por descubrir.

La mayoría de los insectos chirrían o cliquean frotando partes de su cuerpo (los grillos) o haciendo vibrar membranas (las cigarras). La cucaracha gigante de Madagascar hace un sonido usando su sistema respiratorio.

Cucarachas gigantes

Un comportamiento interesante es el sonido que hace la cucaracha gigante de Madagascar. Los entomólogos (científicos que estudian los insectos) se preguntaban por qué silban estas cucarachas y qué ventajas tendrían estos silbidos. ¿Has observado qué hace que silben? A menudo silban cuando les molesta otro animal. Puede que hayas oído un silbido cuando agarraste una. ¿Pero silban otras veces?

Los científicos observaron que las cucarachas a veces silban cuando no hay amenaza de otro animal. También observaron que los machos, y solo los machos, silban en presencia de una hembra. Esta observación les llevó a pensar que silbar puede estar relacionado con el comportamiento reproductivo. Los machos pueden silbar para establecer su territorio o para asustar a otros machos.

Las cucarachas que silban producen el silbido forzando aire por sus **espiráculos** en el cuarto segmento de su **abdomen**. Para poner a prueba sus ideas sobre su comportamiento de silbidos y reproducción, los científicos hicieron un experimento. Cubrieron los espiráculos en el cuarto segmento de una cucaracha macho y los dejaron abiertos en otro macho. Ambas cucarachas se colocaron en una jaula. ¿Cuál se convertiría en el macho dominante? El macho silbante casi siempre se convertía en el jefe.

En otros experimentos, los científicos descubrieron que el macho que silbaba más fuerte casi siempre ahuyentaba a otros machos. Pusieron un macho silbante y otro que no silbaba en una jaula con una cucaracha hembra que estaba lista para aparearse. La cucaracha macho que podía silbar luchó contra la cucaracha que no podía. El macho que silbaba era más posible que se apareara con la hembra, y que pasara sus genes "silbantes". De hecho, las hembras no se apareaban con un macho que no pudiera silbar.

La pequeña avispa tamborilera

Los humanos han cultivado y almacenado cereales durante miles de años. Los insectos han compartido la cosecha anual de cereales durante miles de años también. Un insecto en particular, el gorgojo, hace un agujerito en un grano de trigo y pone dentro un huevo. Cuando el huevo se abre, la **larva** del gorgojo se come el interior del grano hasta que está hueco. En ese momento, la larva forma un capullo de tela (pupa). Unas semanas después, la próxima generación de gorgojos aparece. Parece un estilo de vida ordenado.

Pero nunca es tan sencillo. En la misma zona que el gorgojo vive una diminuta avispa que se come la larva del gorgojo. La avispa hembra pone un huevo en el exterior del grano de trigo. Cuando el huevo se abre, la larva se encierra en el grano y se come al gorgojo que vive dentro.

¿Cómo sabe esta avispa qué granos contienen larvas de gorgojos? Están encerrados dentro del grano y hay millones de granos entre los que elegir. ¡La avispa madre trepa por fuera de un grano y usa sus antenas como si fueran palillos de tambor para golpearlo! Un recipiente de plástico vacío suena diferente que un recipiente de plástico lleno cuando golpeas la parte exterior. Del mismo modo, un grano de trigo hueco con un gorgojo dentro le suena diferente a la avispa que un grano de trigo lleno. Este curioso y efectivo comportamiento le permite a la avispa hembra dejar sus huevos donde tienen la mayor probabilidad de sobrevivir.

Toma nota

El comportamiento humano de recolectar y almacenar trigo aumenta la supervivencia del humano, el gorgojo y la avispa. ¿Crees que esto es verdadero o falso? Explícalo.

Los gorgojos del trigo son una plaga de los cereales global, capaz de destruir por completo cosechas almacenadas en elevadores de granos o contenedores.

Estrategias de reproducción

Los áfidos son insectos diminutos que están considerados plagas porque chupan la savia de las plantas. Los áfidos tienen partes bucales en forma de sorbete. Insertan su sorbete en el floema de la planta para beberse la savia dulce. Si muchos áfidos se alimentan de una planta, pueden debilitarla o incluso matarla.

Los áfidos pueden reproducirse muy rápidamente porque dan a luz a descendencia viva y completamente desarrollada. Es casi como nacer ya adulto, excepto que los recién nacidos son diminutos. Cuando nace un áfido, puede comenzar a alimentarse *y reproducirse* casi inmediatamente. ¡Eso sí que es salir con ventaja!

También han evolucionado con otra estrategia para acortar el tiempo entre generaciones. Muchos áfidos nacen con descendencia dentro de ellos. Los entomólogos han diseccionado a áfidos bajo un microscopio. ¡Encontraron áfidos listos para dar a luz a áfidos que también tenían descendencia dentro de ellos! Es fácil ver cómo los áfidos pueden invadir un campo entero de plantas en unos pocos días.

La habilidad de los áfidos de reproducirse asexualmente, sin un macho, es la clave de sus grandes cantidades. En condiciones ideales, sin depredadores, ¡un insecto podría producir 600 mil millones de descendientes en una temporada!

Algunos jardineros usan catarinas como control natural de áfidos. ¡Una catarina puede comer 50 áfidos al día!

La gran redada de áfidos

Imagina una vida en la que nunca bebieras agua. En vez de eso, cada vez que tuvieras sed, agarrarías una botella grande de tu refresco favorito y te lo beberías de un trago. Luego seguirías con otro y otro y otro . . . Esa es básicamente la vida de un áfido.

En vez de beber refrescos todo el día, los áfidos beben la savia dulce de las plantas. Los áfidos no pueden digerirla toda, así que el azúcar sobrante sale de la parte trasera de los áfidos en forma de una sustancia dulce pegajosa llamada rocío de miel.

En algún momento, este rocío de miel llamó la atención de un tipo particular de hormigas. Con el tiempo, esas hormigas comenzaron a depender de él como su única fuente de alimento. Desarrollaron una manera asombrosa de obtener un suministro constante de rocío de miel. ¡Crearon ranchos!

Cada mañana, las hormigas reunían a los áfidos y los dirigían o los llevaban a

alimentarse de plantas. Mientras los áfidos se alimentan, las hormigas se aseguran de que los áfidos no se van o son robados por un extraño. Una catarina puede comer seis veces su peso en áfidos cada día. Cuando llega una catarina, las hormigas arrean los áfidos en pequeños grupos y los defienden del ataque. Al final del día, las hormigas llevan los áfidos de vuelta al hormiguero para pasar la noche. Todo esto sucede otra vez al día siguiente.

A cambio de protección y cuidados, los áfidos dejan que las hormigas tomen el rocío de miel como alimento. Esto beneficia a las hormigas, que obtienen una fuente confiable de buen alimento. Beneficia a los áfidos, que consiguen un lugar donde vivir y protección de los depredadores. Si alguna vez tienes la ocasión de observar esta interacción, te asombrará lo mucho que se parece a los vaqueros que arrean el ganado en un rancho.

Insectos sociales

Las hormigas son insectos sociales. Los insectos sociales viven juntos y dependen los unos de los otros para sobrevivir. Trabajan juntos para criar a sus pequeños, construir y mantener sus moradas, defender la colonia y obtener alimento.

Conseguir alimento siempre es un reto. Los buscadores de alimento dejan la colonia y marchan por su medio ambiente buscando algo bueno para comer. Deambulan sin mapa o plan. El camino que siguen es aleatorio y buscan por aquí y por allá. Si una hormiga se encuentra con unas semillas o un poco de azúcar, se lo comerá. Pero busca algo más grande de lo que puede comer ella. Busca alimento para toda la colonia.

Cuando se encuentra con una polilla muerta, un pedazo de fruta o un trozo de queso, arranca una miga y se vuelve al nido. Mantiene sus antenas hacia el suelo para sentir el ligero aroma que dejan otras hormigas. Le lleva a casa. Mientras viaja, baja su abdomen para dejar una gotita de una potente sustancia química en el suelo. Esto es una **feromona**, un mensaje químico que otras hormigas seguirán para volver a encontrar la fuente de alimento.

De vuelta en el nido, la hormiga enseña la muestra de alimento. Otras buscadoras de comida notan la feromona de la hormiga que trajo el alimento y siguen su olor de vuelta al botín. Siguen los pasos del camino de la primera buscadora de alimento. Cada una deja marcadores de feromonas en el camino. Al poco tiempo, un gran flujo de miles de hormigas se apresura en ambas direcciones sobre el sendero aromatizado e invisible.

Las feromonas es una manera muy efectiva que tienen las hormigas para comunicarse. Son esenciales para llevar la colonia e identificar intrusos de colonias rivales.

Una colonia de hormigas está formada por una o más reinas, muchas obreras hembra y unos pocos machos para la reproducción. Todas trabajan juntas con una organización social muy estructurada.

Las polillas son nocturnas, o activas por la noche. El macho de *Saturnia pyri* usa sus largas y plumosas antenas para detectar el aroma que deja una hembra.

Feromonas de las polillas

Marcar e identificar senderos son dos maneras en que las hormigas usan feromonas. Las polillas usan las feromonas de una manera diferente. Como las polillas están activas por la noche, los colores fuertes no sirven para localizar a una pareja. En vez de eso, la polilla hembra usa una feromona para atraer un macho.

Muchas polillas encuentran un macho de la siguiente manera. En el momento adecuado del año, una polilla hembra vuela a la rama de un árbol o a una roca. Anuncia su ubicación soltando un poco de la irresistible feromona. Cualquier polilla macho de su especie cuyas antenas encuentren una molécula o dos del divino aroma comenzará a volar hacia su origen. El mensaje puede viajar hasta 2 kilómetros (km) en la dirección del viento de la hembra. Si el macho encuentra el origen, pueden aparearse. La pareja pasan a su descendencia los genes que producen feromonas.

Todos los insectos tienen una historia que contar sobre cómo sobreviven y se reproducen. Las historias de arriba son solo algunas de las asombrosas adaptaciones de los insectos. Hay miles más. Por ejemplo, ¿cómo te encuentran los mosquitos de noche si eres la única persona alrededor en kilómetros? ¿Por qué vuelan las polillas alrededor de la luz del porche? ¿Qué hacen las hormigas cortadoras de hojas bajo tierra con tantos círculos de hojas? ¡Imagina cuántos cuantas historias más hay!

Preguntas para pensar

1. **¿Cuándo silba una cucaracha gigante de Madagascar? ¿Cómo le beneficia el silbido a la cucaracha?**
2. **El gorgojo del trigo y la avispa tamborilera se benefician de las actividades humanas. ¿Se te ocurre otro insecto que se beneficie de vivir alrededor de los humanos? Explica el beneficio.**
3. **Si molestas a una avispa, puedes acabar con una colonia entera detrás de ti. ¿Cómo crees que se comunican para saber qué perseguir?**

Biodiversidad en casa y fuera

Es pronto por la mañana. El Sol todavía no ha calentado el suelo, pero se cuece algo emocionante. Cuando empieza a llegar la gente, parece como si fuera a comenzar una carrera. ¡Pero lo que viene es el *bioblitz*!

Bioblitz

Por todas partes hay mesas y puestos llenos de cráneos, pieles y animales y plantas vivos. Las mesas están cubiertas de guías de campo, hojas de datos, microscopios y otro equipo.

Durante un *bioblitz*, equipos de científicos y naturalistas amateur de todas las edades trabajan juntos. Cuentan tantos organismos de un lugar como pueden en 24 horas. ¿Cuál es el objetivo?

Más de 5,000 personas, incluidos 2,000 niños de escuelas, participaron en un *bioblitz* en 2012 en el Parque Nacional de las Montañas Rocosas.

Un *bioblitz* dirige la atención a la increíble variedad de vida en los parques de ciudades, en los patios de recreo y en los parques nacionales. La lista de organismos en un área crece cuando los científicos identifican especies. Un *bioblitz* puede descubrir especies nuevas o raras.

Un evento de un día no puede documentar todas las especies presentes. Incluso el *bioblitz* anual no registra el cambio tan bien como un proyecto de monitoreo cuidadoso. Pero un *bioblitz* despierta la conciencia pública sobre la **biodiversidad** local (*bio* = vida; *diversidad* = variedad). Conecta la comunidad local con la ciencia. Le da a las personas una oportunidad de aprender historia y métodos naturales que pueden usar en cualquier sitio y en cualquier momento. Y un *bioblitz* reúne datos únicos. Como explica Edward O. Wilson (1929–), un *bioblitz* es "una maravillosa búsqueda del tesoro, un programa de investigación científica y una salida maravillosa con gente que está llevando a cabo algo".

E. O. Wilson, un profesor de biología de Harvard y reconocido naturalista, ha sido pionero de los esfuerzos por preservar la biodiversidad de nuestro planeta.

Medir la biodiversidad

Medir la biodiversidad es complicado. Básicamente mides dos cosas. La primera cosa es el número de especies diferentes de organismos que existen en la zona. La segunda cosa es el número de organismos presentes.

Los científicos están descubriendo cómo las muchas especies de un ecosistema dependen las unas de las otras. Un ecosistema puede tener muchas especies diferentes. Pero si un jugador clave, como un **polinizador**, desaparece, el sistema entero puede tener problemas. De esta manera, la biodiversidad puede usarse para medir la salud de un ecosistema.

Los científicos estudiantes descubren larvas debajo de una roca. Tienen que identificar las especies para incluir el organismo en el inventario de biodiversidad.

Puntos conflictivos de biodiversidad

Aunque es importante preservar la biodiversidad en todas partes, algunas áreas necesitan atención especial. Los puntos conflictivos de la biodiversidad tienen un número inusual de especies. A menudo están amenazadas por las actividades humanas. Los puntos conflictivos cubren del 1.4 al 2.3 por ciento del suelo de la Tierra. Son el hogar de casi el 60 por ciento de las especies de plantas, aves, mamíferos, reptiles y anfibios del mundo.

A menudo, los puntos conflictivos de la biodiversidad están en lugares donde muchas personas viven en la pobreza. Los esfuerzos para mantener la biodiversidad también deben mejorar la calidad de vida de la gente local. Los esfuerzos por usar menos pesticidas y plantar terrenos con muchos tipos de cultivos pueden ayudar a alcanzar estos dos goles. El ecoturismo (turismo responsable en zonas naturales) también puede traer dinero a la gente local a la vez que apoya la preservación de la biodiversidad.

Mapa de los puntos conflictivos de biodiversidad

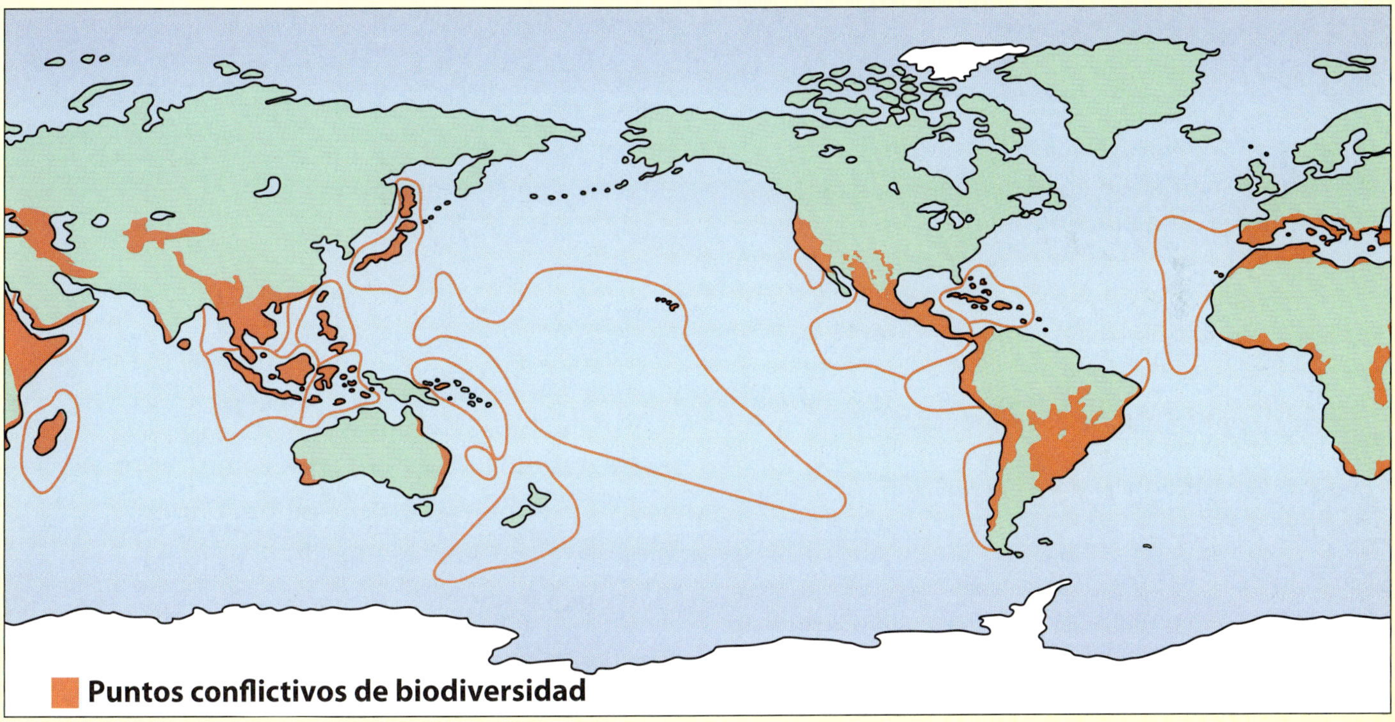

Los puntos conflictivos de biodiversidad son regiones que son ricas biológicamente pero están seriamente en peligro por la pérdida de hábitat y otras amenazas. Ahora mismo, hay 35 regiones terrestres y marinas que pueden considerarse puntos conflictivos.

La larva acuática que encontraron los estudiantes bajo una roca en el arroyo podría convertirse en una libélula adulta.

Biodiversidad: El futuro

El cambio climático y el desarrollo humano plantean retos importantes para la biodiversidad del mundo. Nosotros los humanos podemos ser creativos y encontrar maneras de vivir de manera más harmoniosa con otras especies. Los científicos nos ayudarán a realizar este importante trabajo. Quizá participar en un *bioblitz* es una manera de que tengas un efecto positivo en este mundo. "Llega tan lejos como puedas", escribe Wilson en su libro *Cartas a un joven científico*. "El mundo te necesita desesperadamente".

Ves a FOSSweb.com para explorar los recursos sobre la biodiversidad y los *bioblitzes*.

Virus: ¿Vivos o no?

Al comienzo del curso preguntamos: “¿Cómo sabes si algo está vivo?”. Desde entonces, has aprendido mucho. Apliquemos esos conocimientos para pensar sobre los virus. Mientras piensas en cómo interactúan los virus con algunas formas de vida familiares, considera cómo esta información afecta tu manera de pensar.

Descubrir virus

Los científicos observaron primero los virus solo después de que el microscopio electrónico se inventara en la década de 1930.

Los virus probablemente han existido durante miles de millones de años. Sus orígenes aun están siendo debatidos por los científicos. ¿Aparecieron y evolucionaron con las bacterias y otras células antiguas? ¿Aparecieron antes? ¿Evolucionaron a partir de organismos unicelulares? Sabemos que hay muchos virus, más de 10^{31} (10 mil millones de billones de billones). Eso es más que todas las formas de vida conocidas juntas, ¡incluidas las bacterias, las arqueas, los protistas, los **hongos**, las plantas y los animales!

Los virus no pueden realizar funciones básicas de la vida a menos que estén dentro de las células de otro organismo. Algunos virus están llenos de púas que se adhieren a los receptores de las células huésped. (Esta es una imagen 3D generada por computadora, no una foto real).

Estructuras de los virus

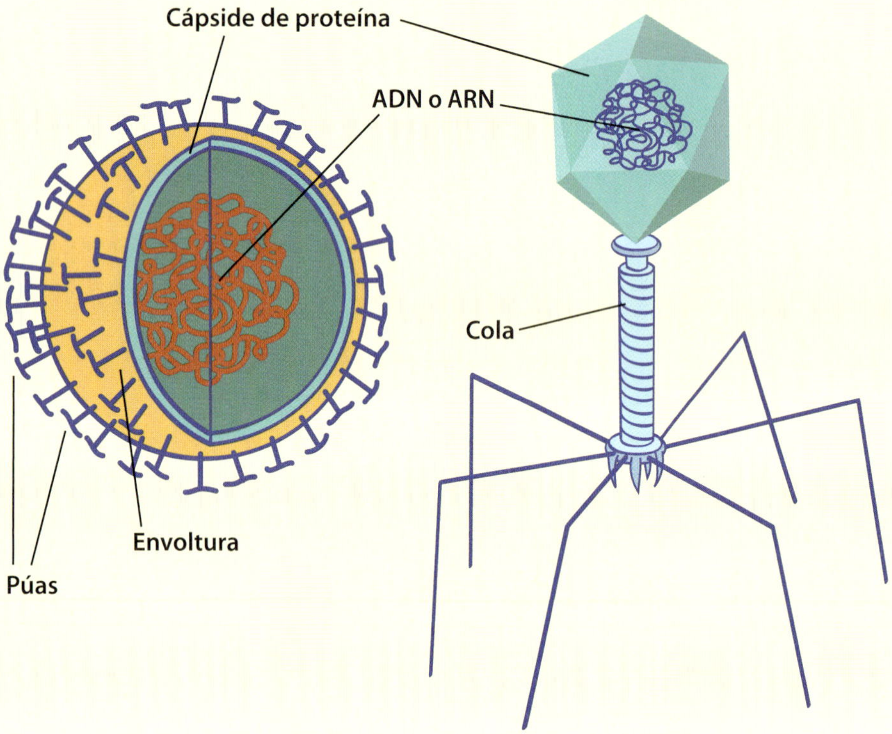

Los virus son pequeños paquetes de material genético (ADN o ARN, pero no ambos) envueltos en una cubierta de proteína llamada cápside. El virus de la derecha es un bacteriófago. Puede adherirse a, invadir y multiplicarse en las bacterias.

Retrato de un virus

Los virus son de muchas formas y tamaños. No están hechos de células. En vez de eso, son material genético en forma de ADN o ARN. El material genético está rodeado de una cubierta de proteína protectora llamada el cápside.

Como el virus no es una célula, no puede reproducirse solo. El virus tiene que entrar en una célula. Muchos virus tienen una envoltura con púas que cubren el cápside. Las púas son moléculas de proteína que sobresalen para adherirse al virus de la célula huésped. Otros virus tienen una cola de proteína que se adhiere al huésped. Una vez que el virus se adhiere a la célula huésped, puede inyectar su material genético en el huésped.

Una científica usa una pipeta para transferir un virus a frascos y compartirlos con otros laboratorios para la investigación médica.

¿Parte virus?

Los científicos han descubierto que los humanos son parte virus. El material genético de los virus forma un 8 por ciento del material genético humano. ¿Qué hacen estos genes incrustados? La mayoría de los genes virales del genoma humano han cambiado con el tiempo y ya no tienen ningún efecto. Pero uno es responsable de fabricar una proteína que sujeta la placenta en su sitio en el útero de una madre. Sin este gen viral esencial, ¡quizá nunca habrías nacido!

Parece que el material genético viral pasó a formar parte del genoma humano durante miles y miles de años de infecciones. Al infectar los virus a los humanos, a veces insertaban su ADN en el óvulo o el esperma y se ponían a cargo de su maquinaria genética. Algunas de esas células humanas sobrevivieron para pasar el ADN viral a la siguiente generación. En algunos casos, esos cambios genéticos han sido útiles.

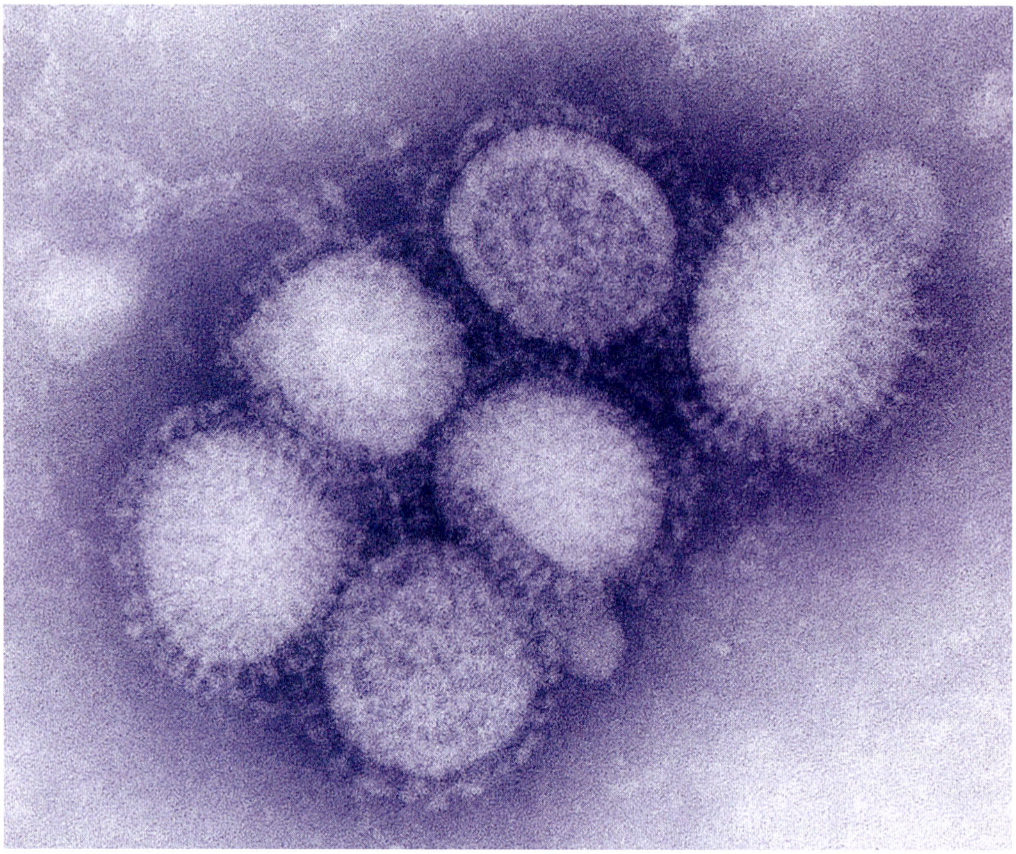

El virus H1N1 causó una epidemia global de "gripe porcina" en 2009. El virus no se identificó hasta que los investigadores habían comenzado a producir la vacuna de la gripe de ese año.

Enfermedades virales

La influenza (la gripe), la viruela, el sarampión, el SIDA, el herpes, la rabia, el Ébola, las verrugas, la polio, el resfriado común y la varicela son solo algunas de las enfermedades e infecciones humanas causadas por virus. Algunas, como la viruela, han resultado en millones de muertes. Otras, como la varicela, permanecen en tu cuerpo durante años, emergiendo más adelante en la vida para causar un doloroso sarpullido llamado herpes zóster. Algunos, como el virus del papiloma humano que causa las verrugas comunes, apenas nos molesta.

Los antibióticos solo afectan las bacterias, no a los virus. Por eso los doctores no recetan antibióticos para la gripe o un resfriado. Las vacunas son el arma más poderosa que tenemos contra las enfermedades virales. Las vacunas son una forma de prevención. Algunas están hechas de pedacitos inofensivos de virus modificados o muertos, que se inyectan en el músculo o en la sangre. El cuerpo reconoce esos pedazos de virus como invasores. Así, el sistema inmunológico lucha contra ellos, aunque no pueden enfermarte. El sistema inmunológico responde a la vacuna construyendo moléculas llamadas anticuerpos. Cuando los invasores virales reales se presentan, los anticuerpos responden rápidamente para matarlos pronto.

La primera vacuna desarrollada fue para la viruela. Casi ha erradicado esa enfermedad mortal. La polio es otra enfermedad viral que casi desapareció después de exitosas campañas de vacunación mundiales. A pesar de la vacunación, el sarampión mata a unas 200,000 personas cada año. También puede provocar abortos. Si dejáramos de vacunar contra el sarampión, se estima que aproximadamente unos 2.7 millones de personas morirían cada año.

Los científicos han desarrollado unas pocos medicamentos antivirales para tratar infecciones por VIH, gripe y herpes. Los avances en los antivirales es complicado porque los virus viven dentro de las células. Es difícil matar el virus sin dañar la célula huésped. El material genético de los virus cambia rápidamente también. Así que una vacuna para la gripe de este año puede que no sea efectiva al año siguiente. Necesitamos una inyección contra la gripe cada año para protegernos contra las nuevas formas del virus.

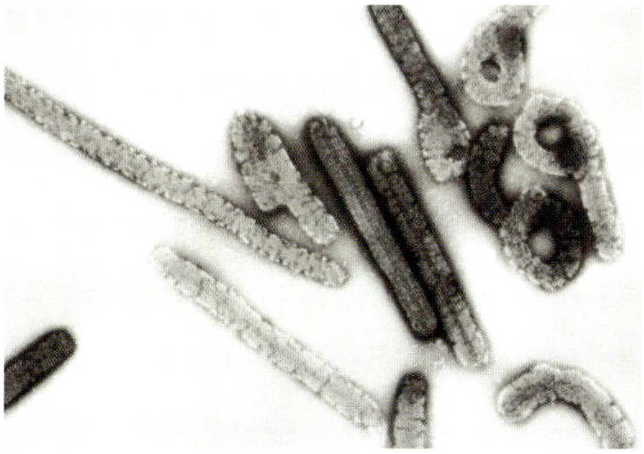

El virus de Marburgo está en la misma familia que el mortal virus del Ébola. Ambos están entre los agentes causantes de enfermedad conocidos más peligrosos que infectan a los humanos.

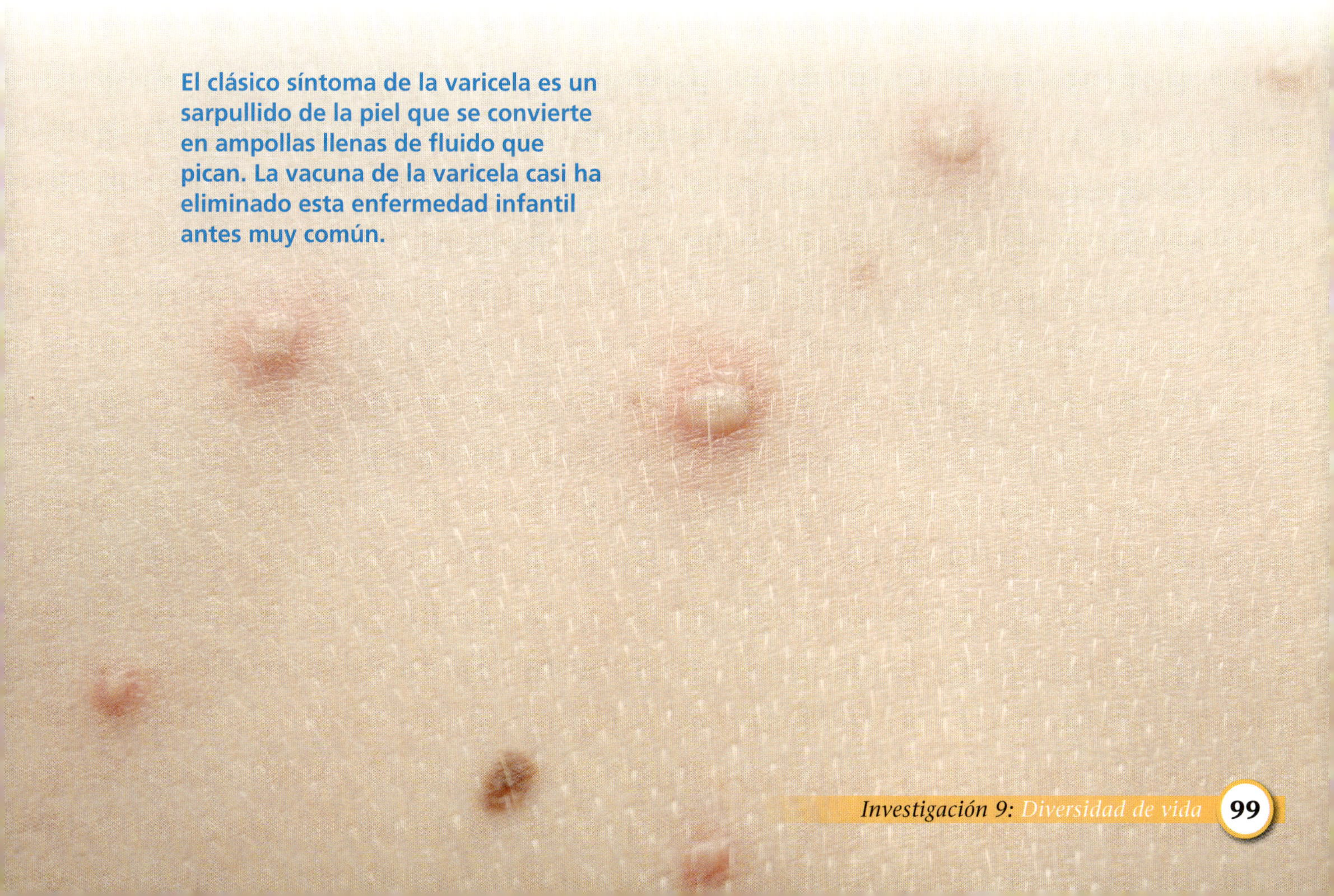

El clásico síntoma de la varicela es un sarpullido de la piel que se convierte en ampollas llenas de fluido que pican. La vacuna de la varicela casi ha eliminado esta enfermedad infantil antes muy común.

Los tres dominio de la vida

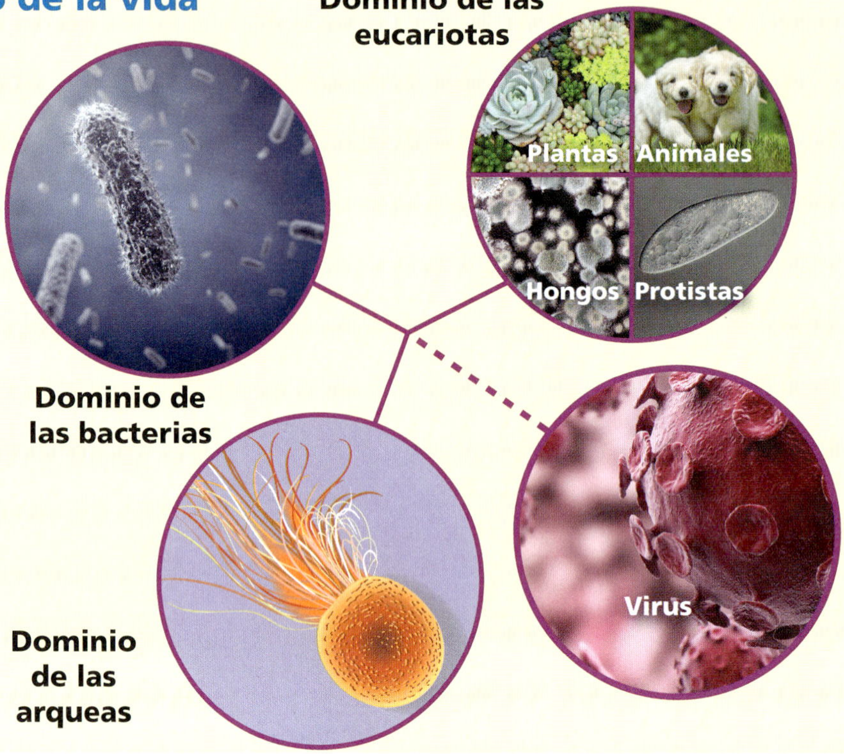

Dada la gran variedad y el enorme tamaño de los nuevos virus descubiertos, algunos científicos proponen que los virus deberían clasificarse como el cuarto dominio de la vida.

¿Están vivos los virus?

Hoy en día, estamos solo comenzando a aprender sobre los virus. Sí, los virus pueden matar a los humanos. Los virus también pueden matar bacterias, incluidas las bacterias que son perjudiciales para nosotros. Los virus ayudan a mantener el equilibrio ecológico de los organismos en el océano. De esta manera, ayudan a producir oxígeno para la vida en este planeta. El ADN viral forma parte del genoma humano y del material genético de los organismos vivos.

Un virus gigantesco, el *Megavirus chilensis*, se descubrió en la costa de Chile en 2006. Este virus gigantesco tiene muchos más genes que la mayoría de virus que se conocen hoy en día. Los científicos compararon su información genética con las células eucariotas antiguas. Basándose en esa comparación, ¡algunos científicos sugirieron que el *Megavirus* podría haber evolucionado de un ancestro eucariota aún más antiguo! Si ese es el caso, ¿cómo afecta a tus conclusiones respecto al estado vivo o no vivo de los virus?

Y volvemos a nuestra pregunta, una que están discutiendo activamente los científicos. "¿Cómo sabes si algo está vivo?". ¿Las características de la vida, que hemos desarrollado tan cuidadosamente, se aplican a los virus? ¿Cuál es tu conclusión?

Preguntas para pensar

1. **¿Cómo dependen de las células los virus?**
2. **¿Cómo crees que los genes de los virus pasaron a formar parte de los genes humanos?**
3. **¿Cómo se protegen los humanos contra las enfermedades virales?**
4. **¿Los virus están o no están vivos? Apoya tu conclusión con evidencia del artículo y a partir de tus estudios en la clase.**

Imágenes y datos

Imágenes y datos Tabla de contenido

Partes del microscopio

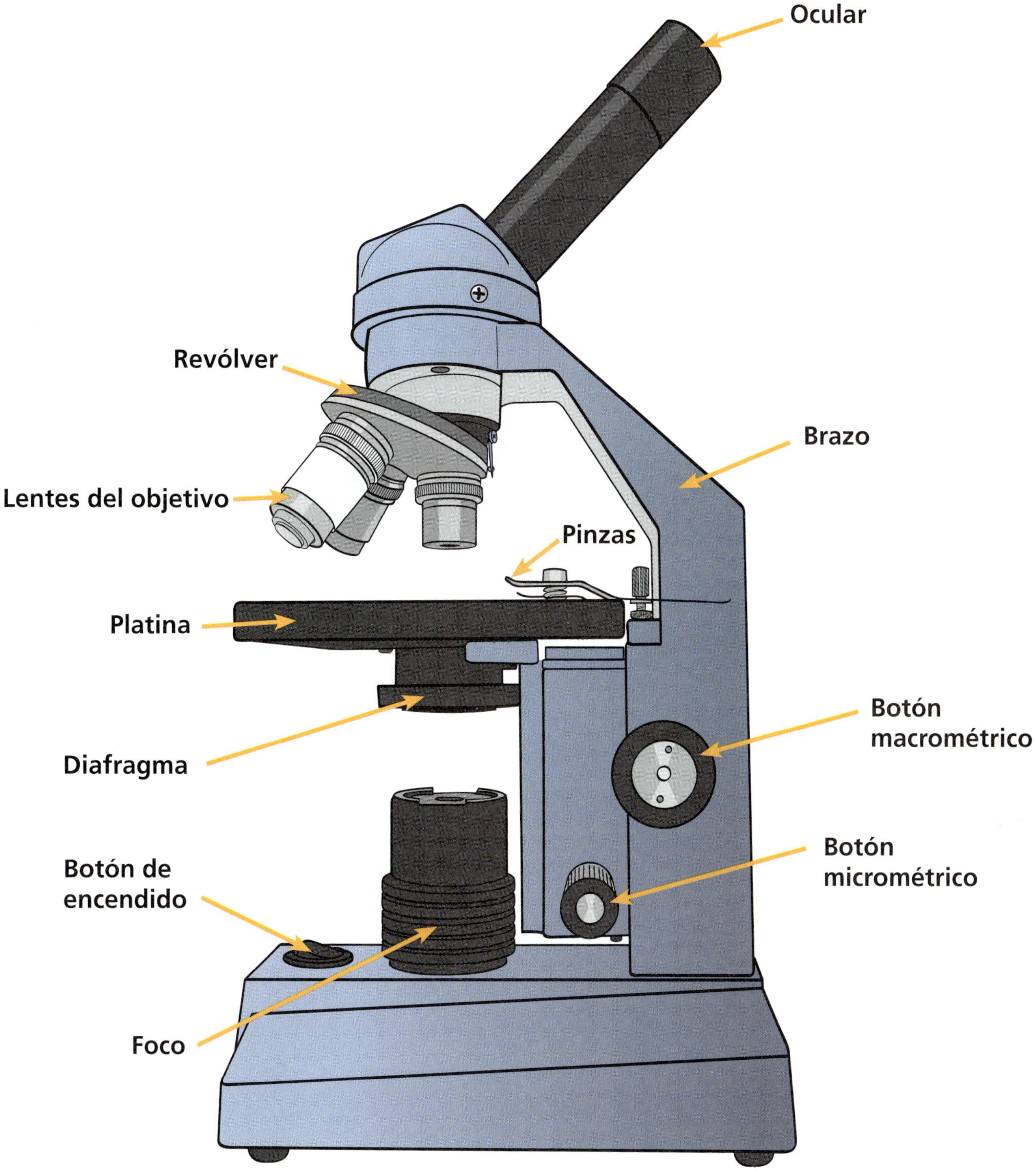

Guía de microorganismos

Algunos organismos de esta guía se encuentran principalmente en estanques. ¿Por qué los encontrarías en el suelo?

Algas verdes

1. ***Coelastrum***
Diámetro celular
7–10 µm

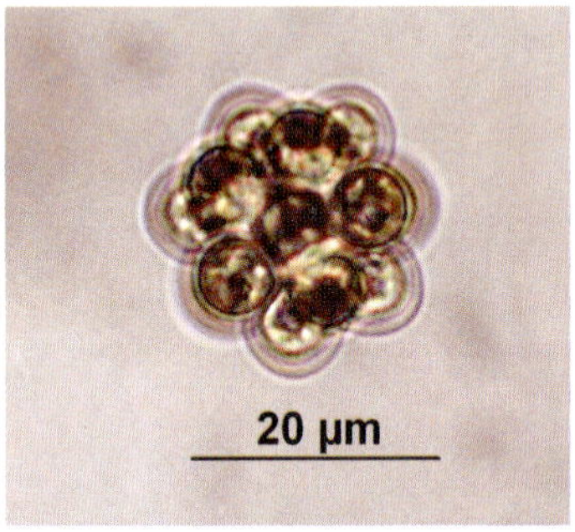

2. ***Spirogyra***
Cada filamento
10–50 µm de ancho

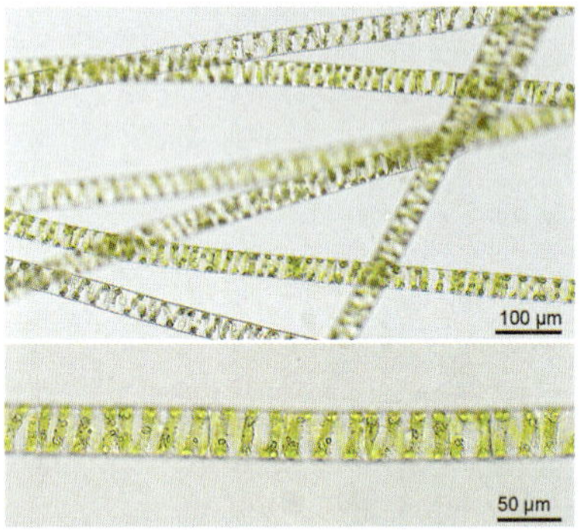

3. ***Protococcus***
Cada célula
5–12 µm de diámetro

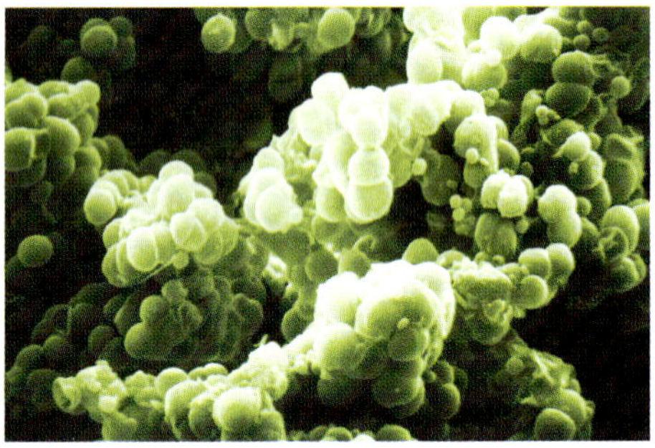

4. ***Cladophora***
Cada células 300–1,000 µm de largo

5. ***Hydrodictyon***
Forma una red de hasta 30 cm de largo

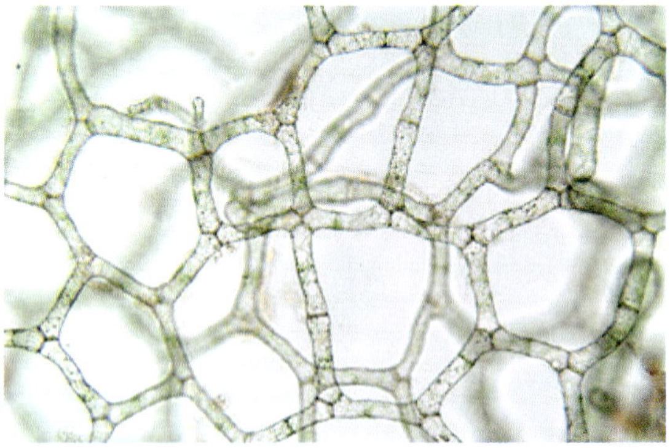

6. ***Microspora***
Ancho celular 8–20 µm

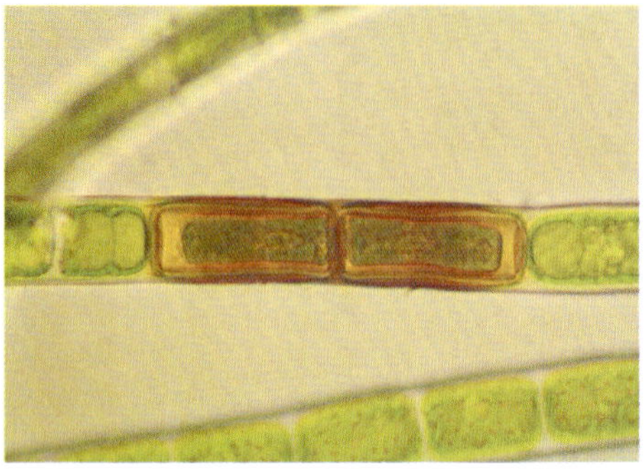

7. ***Oedogonium***
Longitud celular de unos 20 µm

Ciliados

1. ***Didinium***
50–100 µm de diámetro

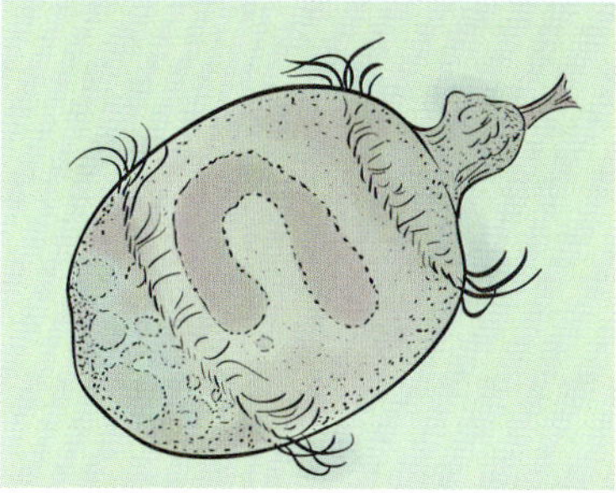

2. ***Paramecium***
50–330 µm de largo

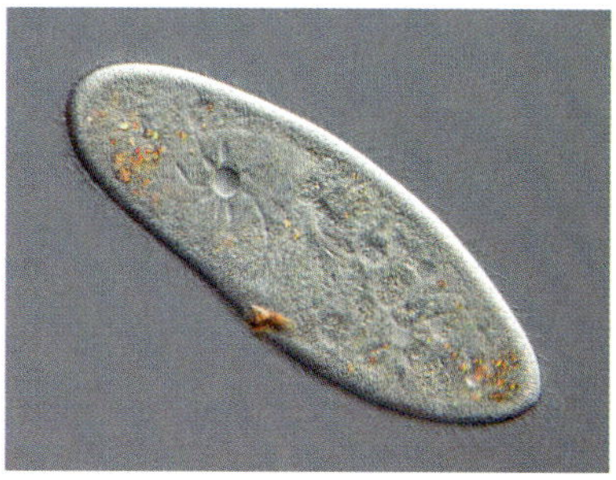

3. ***Blepharisma***
75–300 µm de largo

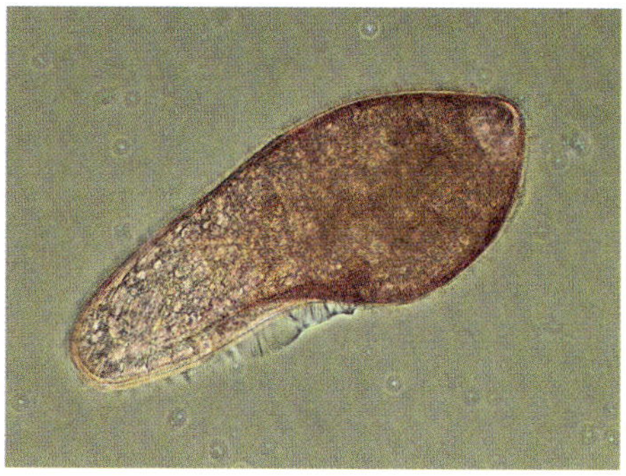

4. ***Spirostomum***
Hasta 1 mm de largo

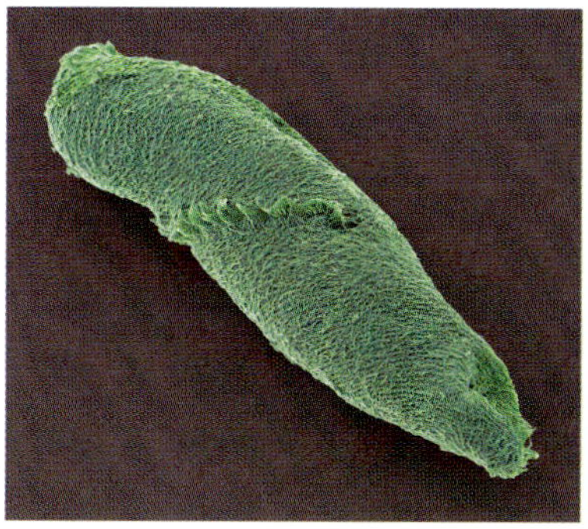

5. ***Stentor***
Hasta 2 mm de diámetro

6. ***Euplotes***
80–200 µm de largo

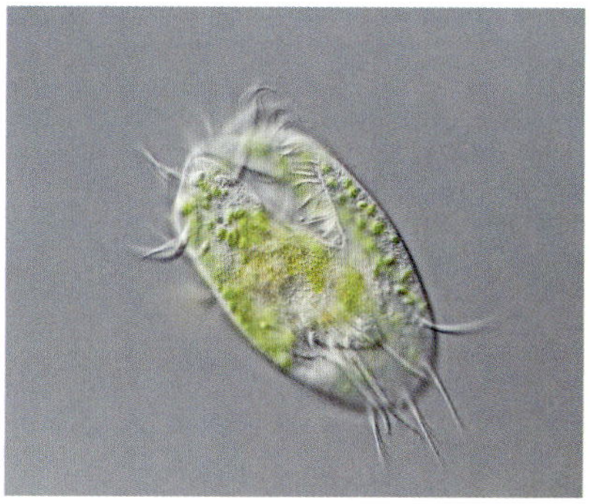

7. ***Vorticella***
100–200 µm de largo

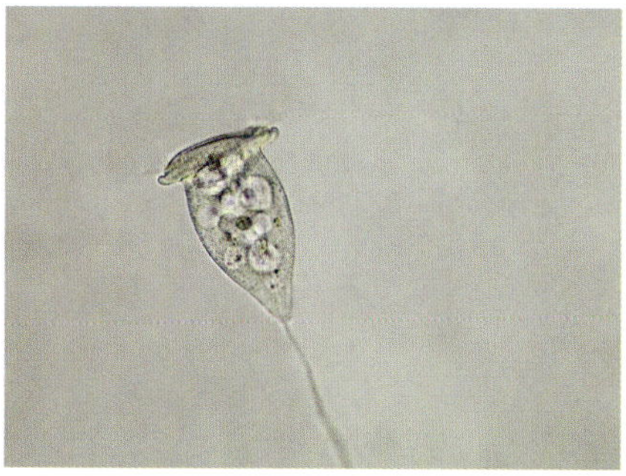

8. ***Zoothamnium***
Altura celular de unos 100 µm

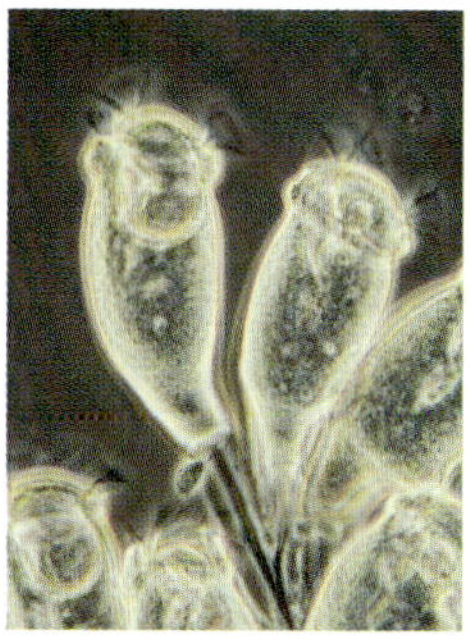

Flagelados y sarcodinas

Flagelados

1. ***Chlamydomonas***
   10 µm ide diámetro

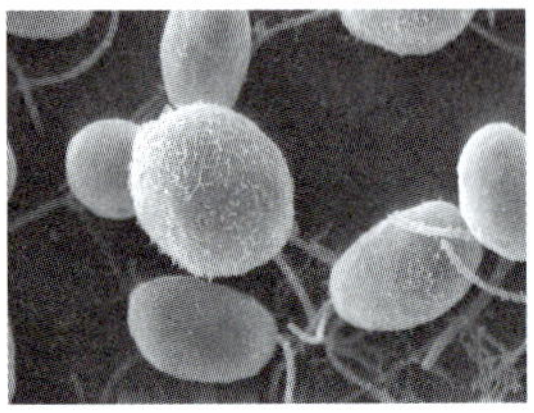

2. ***Dinobryon***
   20 µm de largo

3. ***Euglena***
   15–500 µm de largo

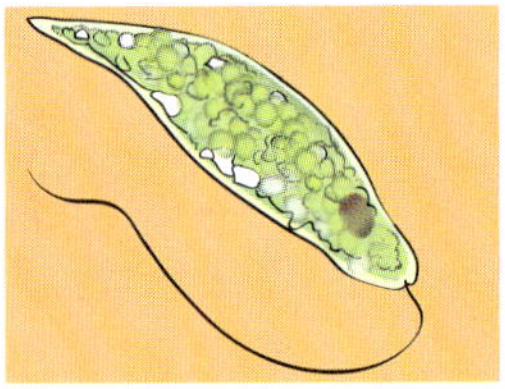

4. ***Peridinium***
   10–100 µm de largo

5. ***Synura***
   Diámetro de la colonia de hasta 50 µm

6. ***Volvox***
   Diámetro de la colonia de hasta 2 mm

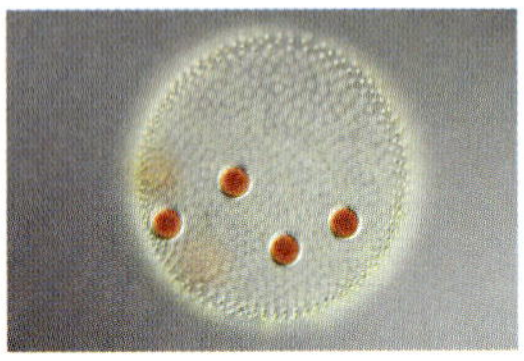

7. ***Codosiga***
   5–10 µm de largo

8. ***Oikomonas***
   10–15 µm de largo

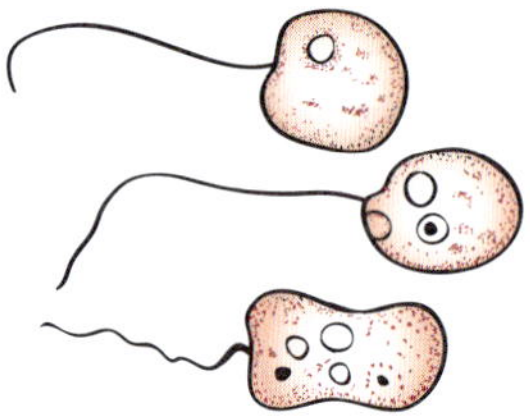

9. ***Bodo***
   5–10 µm de largo

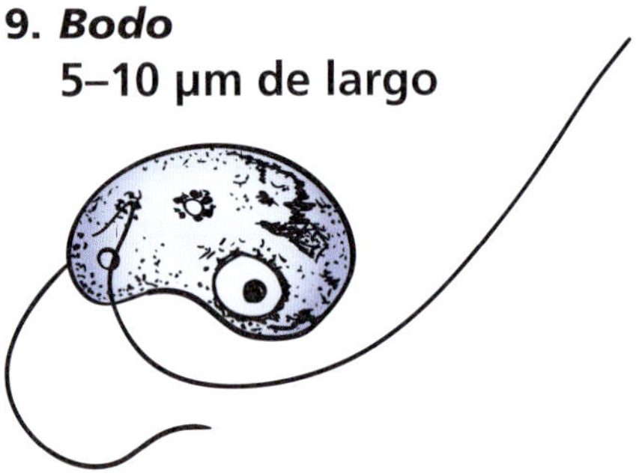

Sarcodinas

1. ***Amoeba***
   200–750 µm de diámetro

2. ***Difflugia***
   Hasta 200 µm de largo

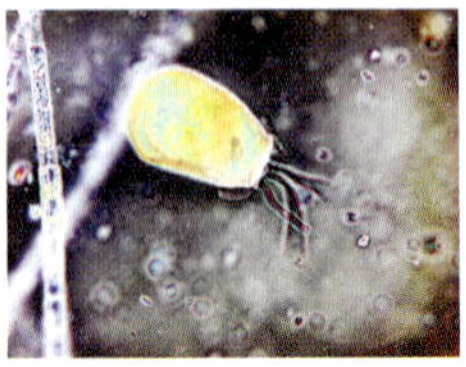

3. ***Actinosphaerium***
   Unos 300 µm de diámetro

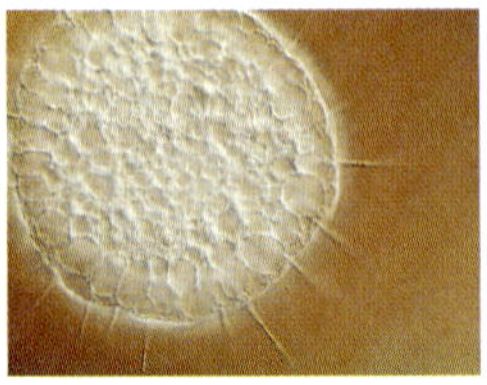

4. ***Arcella***
   70–125 µm de diámetro

Crustáceos, rotíferos y otros

Crustáceos

1. ***Daphnia***
   1–5 mm de largo

2. **Copépodo**
   0.5–2 mm o más largo

3. **Anostráceos**
   11–25 mm de largo

Rotíferos

1. ***Rotaria***
   100–500 μm de largo

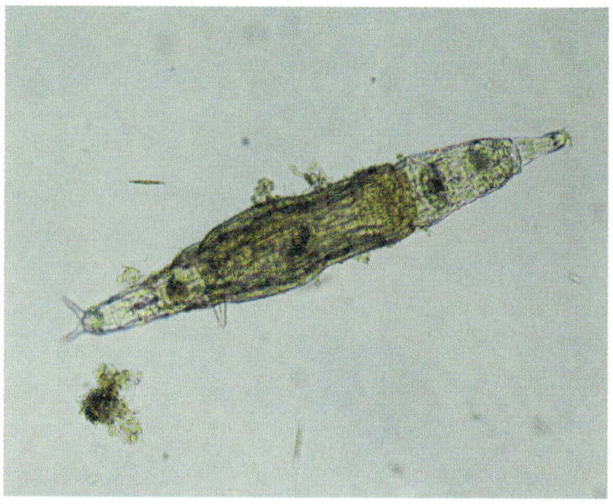

2. ***Philodina***
   100–500 μm de largo

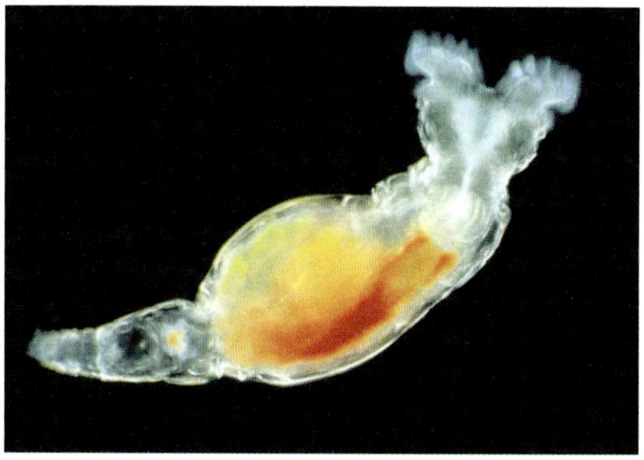

Otros

1. **Nematodo**
   300 μm–8 m de largo

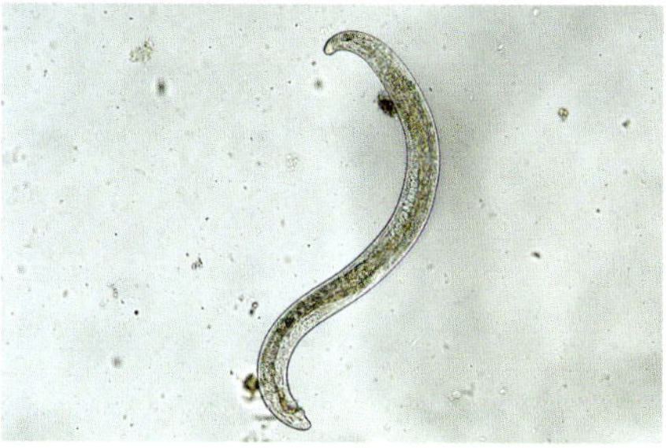

2. ***Hydra***
   5–20 mm de largo

3. **Tardígrados**
   300–500 μm de largo

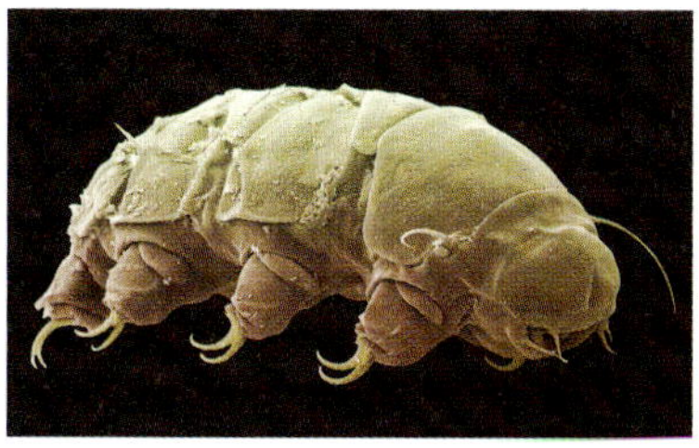

¿Cómo de grandes son las células?

Como regla, las células son pequeñas. La ilustración de la derecha muestra los tamaños relativos de varias células. Un cabello normal de un humano aparece en el fondo a modo de comparación. Como ves, la mayoría de las células son más pequeñas que el diámetro de un solo cabello.

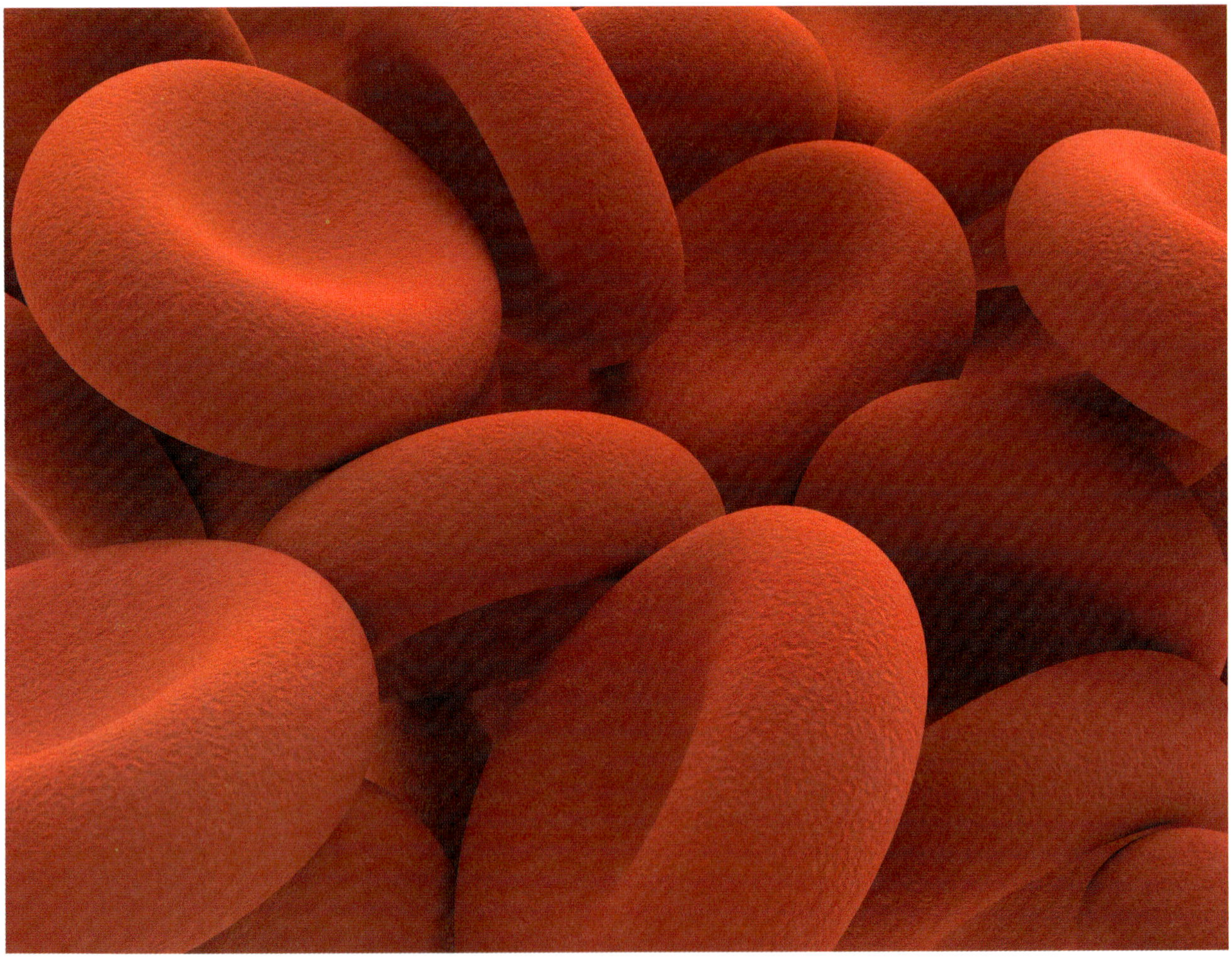

Comparadas con otras células humanas, nuestros glóbulos rojos son relativamente pequeños. En un adulto normal, cada mililitro cúbico de sangre (eso son 0.0002 cucharaditas) contiene unos 5 millones de ellos.

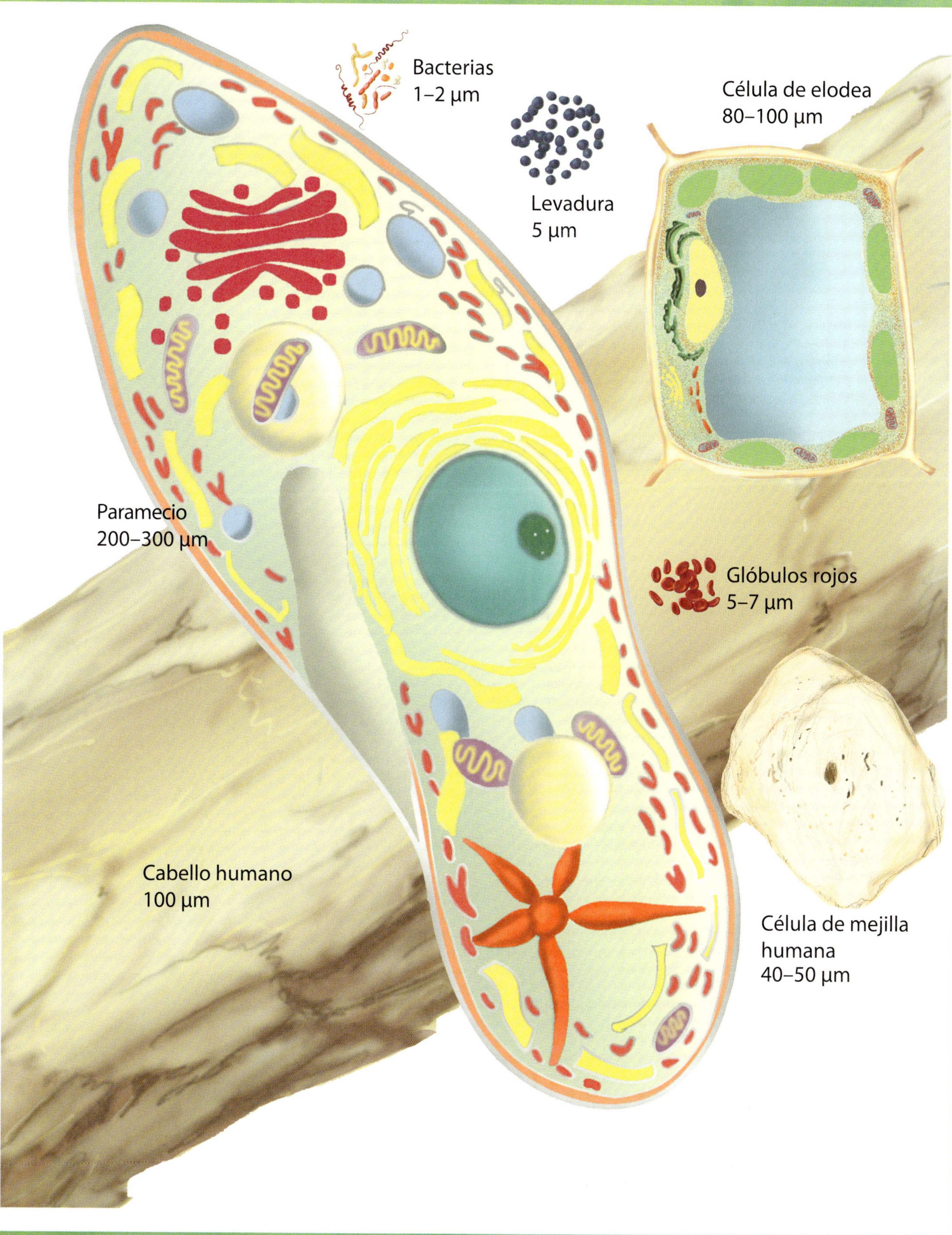
Bacterias
1–2 µm
Levadura
5 µm
Célula de elodea
80–100 µm
Paramecio
200–300 µm
Glóbulos rojos
5–7 µm
Cabello humano
100 µm
Célula de mejilla humana
40–50 µm

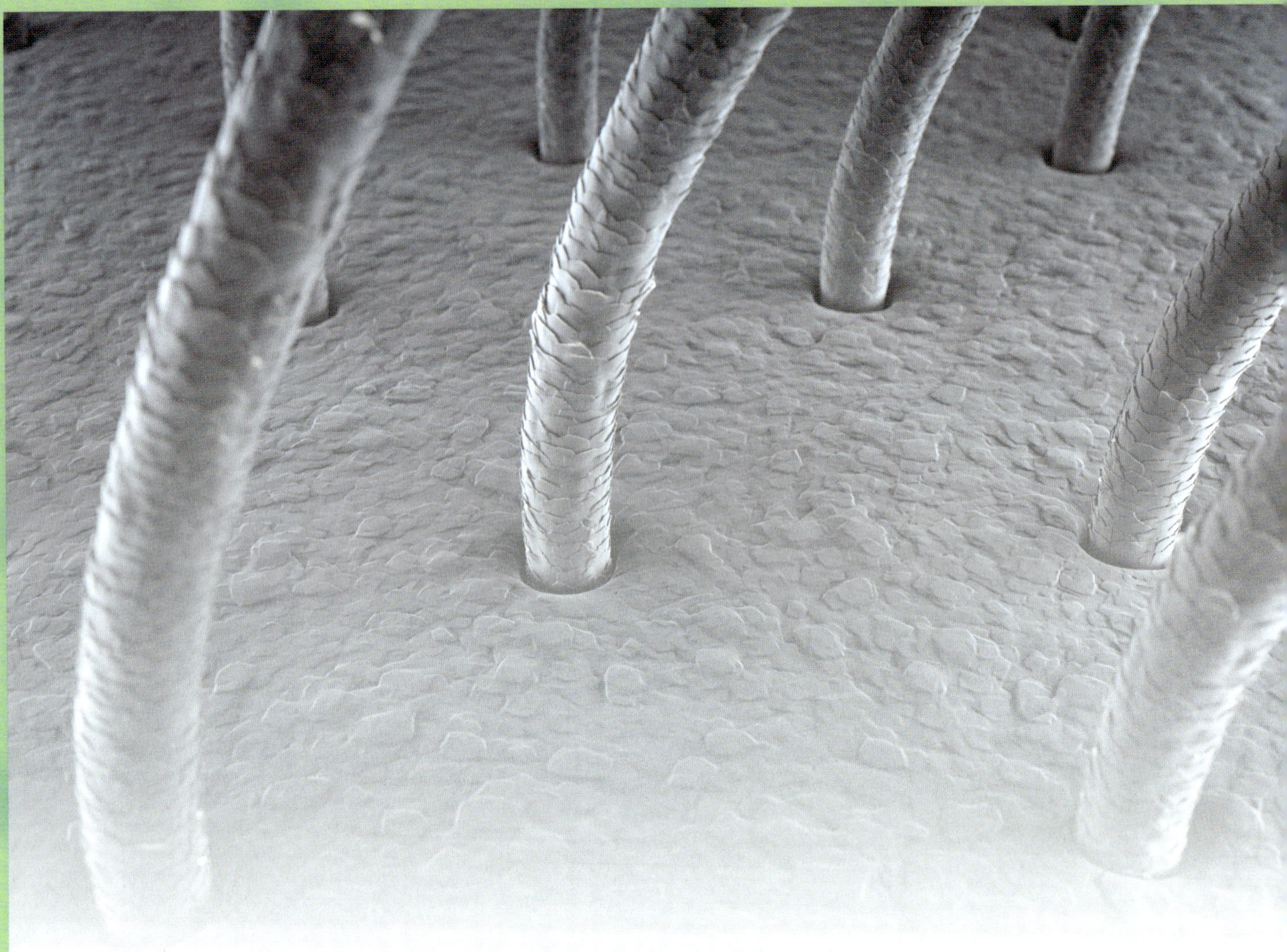

Cada cabello humano mide aproximadamente 100 µm de diámetro. Compara eso con las células más pequeñas y las más grandes.

Medir el tamaño de las células

El tamaño de las células se indica en unidades llamadas micrómetros (µm). Cuando usas una regla métrica, las pequeñas marcas en la regla indican milímetros (mm). Un milímetro es una milésima de un metro. Toma ese milímetro y divídelo en 1,000 partes. Lo has dividido en micrómetros. Un micrómetro es una milésima de un milímetros, o una millonésima de un metro.

Apenas puedes ver objetos que miden 1 o 2 µm a lo largo si usas un buen microscopio compuesto a alta potencia (400X). Un cabello humano mide aproximadamente 100 µm de diámetro. Si colocaras diez pelos lado a lado, medirían aproximadamente 1 mm. Puede tomar 50 o más bacterias para igualar el diámetro de un cabello, porque las bacterias generalmente miden 1–2 µm. Sin embargo, algunas bacterias son significativamente más pequeñas, menores de 1 µm.

Células humanas

La célula de la mejilla humana es una célula bastante grande que mide de 40 a 500 μm de diámetro. Los pequeños glóbulos rojos miden 5–7 μm, de las más pequeñas entre las células humanas. La mayoría de los 100 billones de células de un humano miden unos 20 μm. Las células humanas más largas (las células nerviosas de la médula espinal), ¡pueden alcanzar 1 metro (m) de largo!

Es bueno ser pequeño

Algunos paramecios crecen hasta los 300 μm, ganándose el estatus de "elefante" entre su especie. Sin embargo, son diminutos comparados con los organismos unicelulares más grandes. En 2011, las protistas gigantescas parecidas a esponjas y unicelulares llamadas xenofióforos se descubrieron en la fosa de las Marianas. Estaban a 10,600 m por debajo de la superficie del océano Pacífico. ¡Muchas de estas células miden más de 10 centímetros (cm) de diámetro! Desde luego que no necesitas un microscopio para ver esta célula.

Los xenofióforos son organismos únicos. Generalmente, las células son mucho más pequeñas de 10 cm a lo largo. Las células pequeñas pueden hacer circular fácilmente gases vitales y alimento a todas las partes de la célula. Mueven rápidamente los desechos a la membrana celular para su eliminación. Si las células fueran demasiado grandes, las estructuras celulares del centro de la célula no obtendrían los recursos necesarios para seguir funcionando. Este es el factor principal que limita el tamaño de las células.

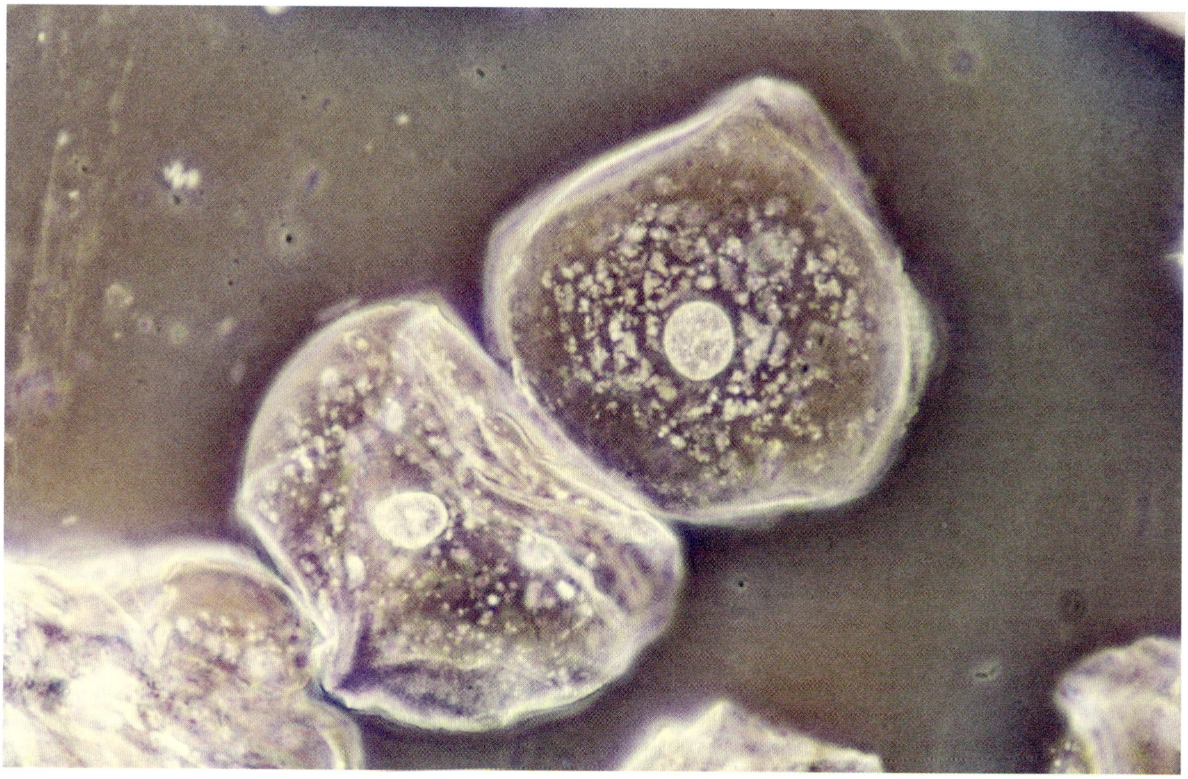

Las células de la mejilla humana, que forman el tejido que recubre la boca, son bastante grandes. El punto blanco dentro de cada célula es el núcleo, el centro de control.

Niveles de complejidad de las páginas de investigación

Célula de arquea

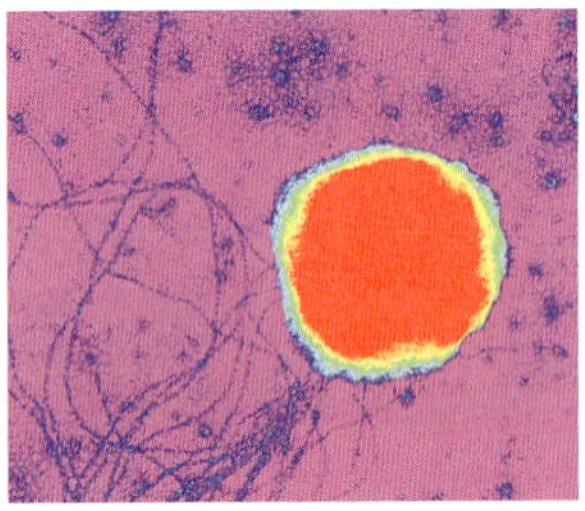

Las arqueas se consideran las formas de vida más antiguas de la Tierra. Pueden encontrarse en los medio ambientes más extremos imaginables. Las arqueas varían de 0.1 a más de 15 micrómetros (µm) de largo. Tienen material genético llamado ADN y una pared celular. Su membrana celular es diferente de la membrana celular de cualquier otro organismo. No tienen orgánulos, como un núcleo o mitocondrias.

Hidrato de carbono

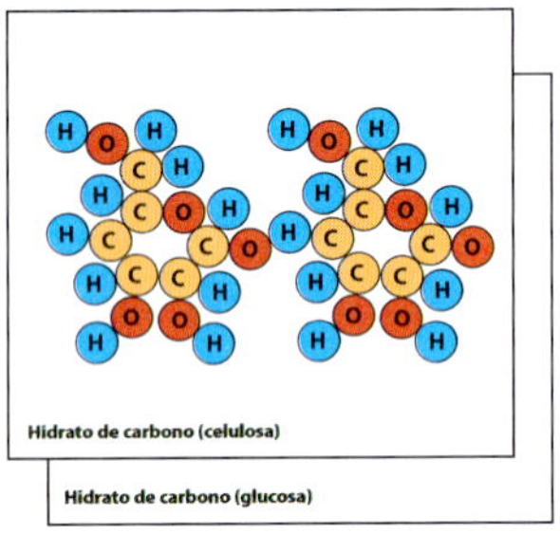

Los hidratos de carbono son una familia de moléculas que incluye a los azúcares (como la glucosa), el almidón, la celulosa y la quitina. Las moléculas de hidratos de carbono varían mucho de tamaño, de aproximadamente 1 nanómetro (nm) de largo a más de 5,000 nm de largo. Los hidratos de carbono solo están formados por carbono, hidrógeno y oxígeno.

Célula de bacteria

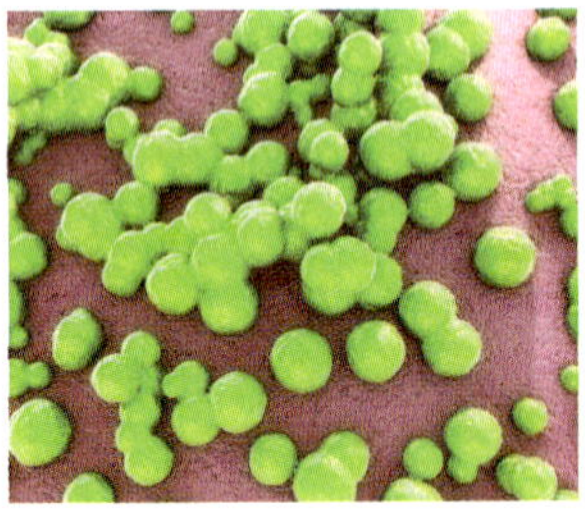

Las bacterias son de tres formas distintas: barra, esfera y hélice. Una bacteria pequeña esférica puede medir 0.15–0.20 µm de diámetro. Una bacteria de *E. coli* mide unos 2 µm. Las bacterias son células muy simples. No contienen un núcleo o mitocondrias. Una bacteria tiene una pared celular, una membrana celular, ADN y citoplasma.

Carbono

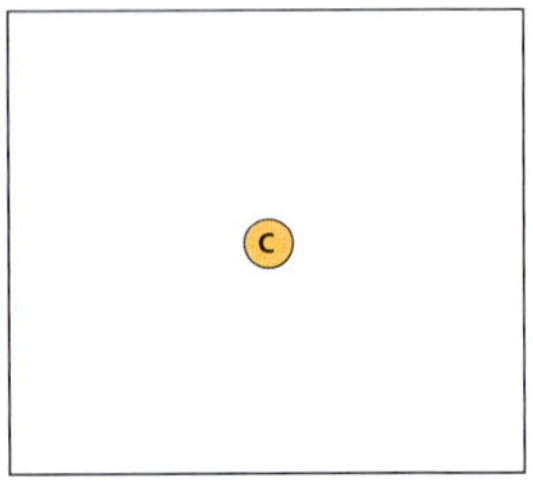

El carbono es un elemento. Un único átomo de carbono de este elemento mide casi 0.2 nm de diámetro.

Membrana celular

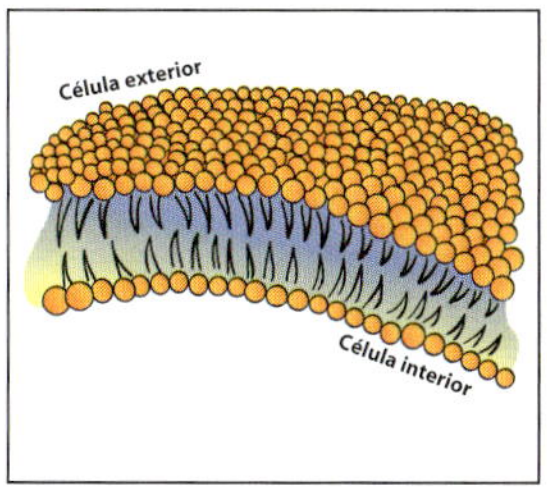

La mayoría de las células tienen una membrana celular. Es el límite de una célula y está formado mayormente por fosfolípidos y proteínas. Algunas de las proteínas permiten a las moléculas viajar dentro y fuera de la célula. Una membrana celular mide aproximadamente 7 nm de ancho.

Cloroplasto

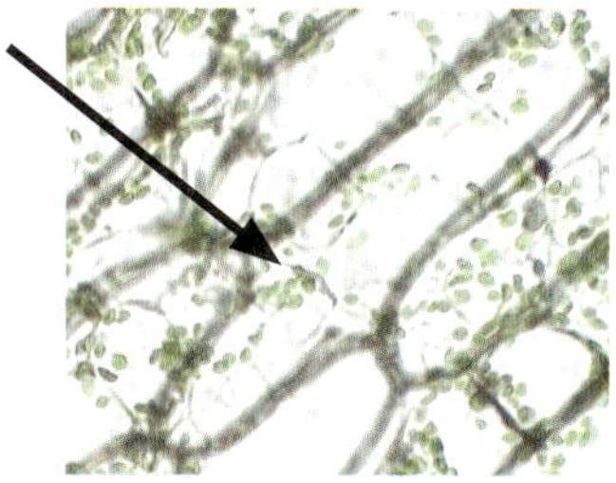

Los cloroplastos son estructuras celulares grandes de plantas y algas (y algunas bacterias). Contienen el pigmento verde clorofila. En algunas células vegetales se encuentran hasta 100 cloroplastos. El cloroplasto es un disco plano, su membrana está hecha de fosfolípidos y proteínas, y su diámetro puede ser de 2 a 10 µm.

Pared celular

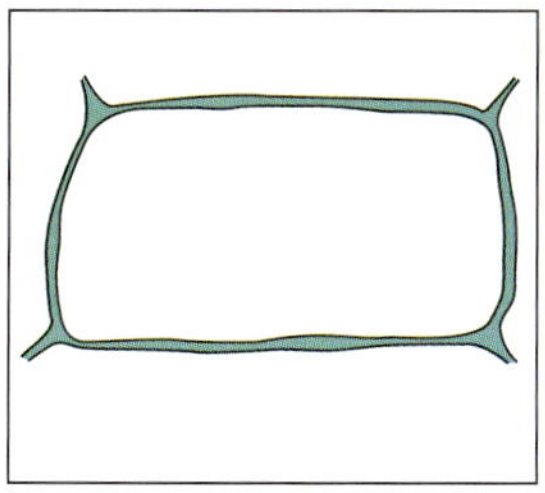

Las bacterias, las arqueas, los hongos y las células vegetales tienen paredes celulares. La pared celular es diferente en cada uno de esos organismos, pero siempre le da estructura a la célula. Está formada por hidratos de carbono complejos como la celulosa, que forma paredes celulares vegetales. Mide unos 2 nm de grosor y rodea completamente la membrana celular.

ADN

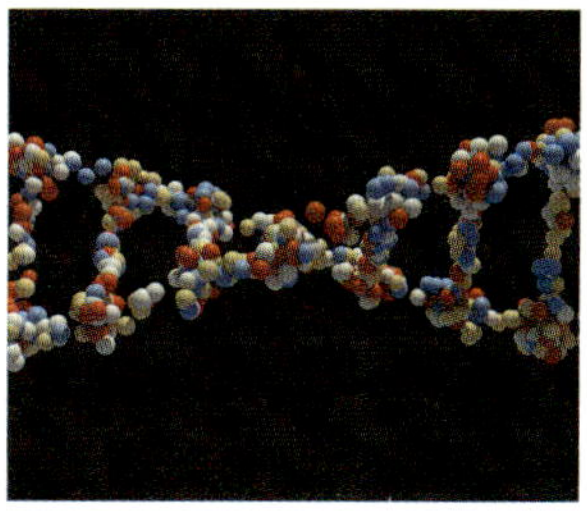

El ADN (ácido desoxirribonucleico) es una molécula compleja que es el material genético de casi toda la vida. Es una cadena en forma de espiral de muchas unidades formada por carbono, oxígeno, hidrógeno, nitrógeno y átomos de fósforo. Cada unidad tiene un tamaño de aproximadamente 1 nm, pero la molécula entera está retorcida y tan compacta que si se estirara, ¡podría medir varios centímetros de largo!

Célula de elodea

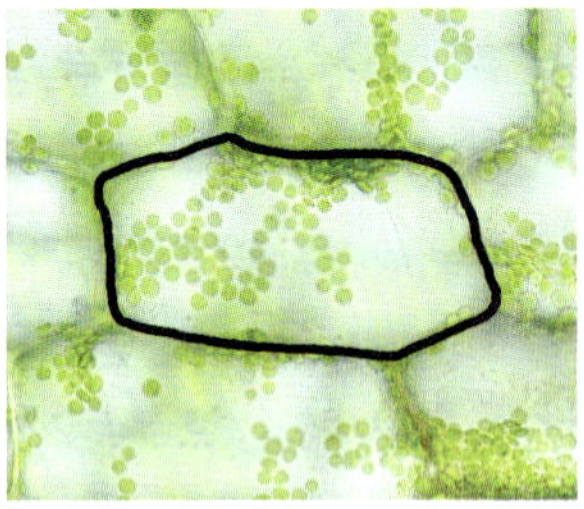

La elodea es una planta que se encuentra en estanques de agua dulce. Cada célula está rodeada de una pared celular fuerte hecha de un hidrato de carbono llamado celulosa. Dentro de la pared celular está la membrana celular. Varias estructuras celulares se encuentran en el citoplasma, incluyendo un núcleo, vacuolas, cloroplastos y mitocondrias. Las células de elodea pueden variar de tamaño, pero de media miden unos 80–100 μm de largo.

Célula de mejilla humana

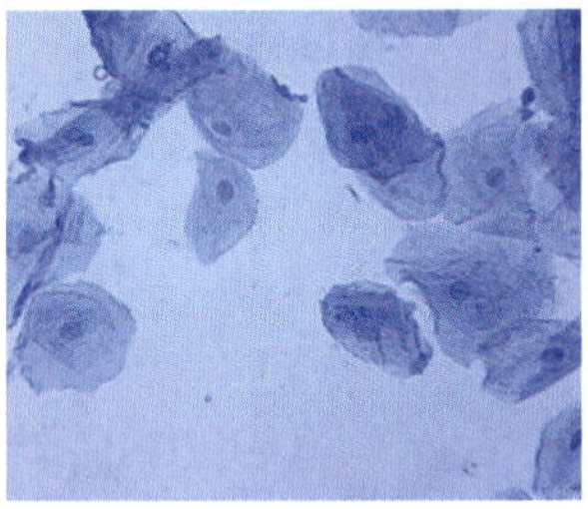

Las células de la mejilla son uno de los muchos tipos de células humanas. Cada célula tiene un diámetro de unos 40–50 μm. Es una célula animal típica y tiene numerosas estructuras celulares, incluidas una membrana celular, un núcleo y muchas mitocondrias.

Célula de hongo

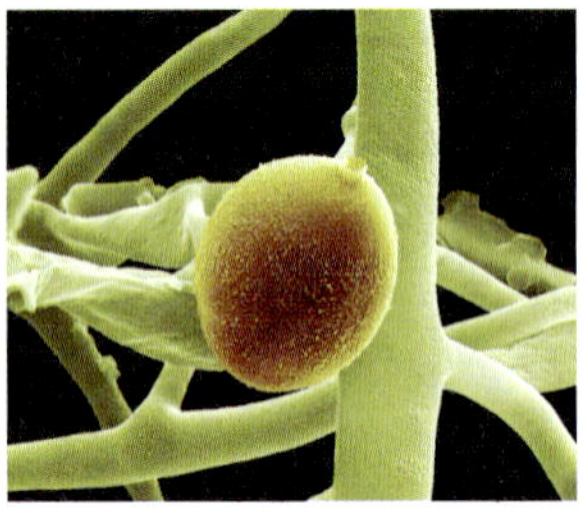

Los hongos son una forma de vida que incluye la levadura, el moho y las setas. Hay muchos tipos diferentes de hongos. Una célula de levadura puede ser de tan solo 2 μm de diámetro. Las células de los hongos tienen paredes celulares hechas de quitina (un hidrato de carbono que también se encuentra en los exoesqueletos de los insectos). Una célula de hongo también tiene una membrana celular, un núcleo, mitocondrias y otras estructuras celulares.

Hidrógeno

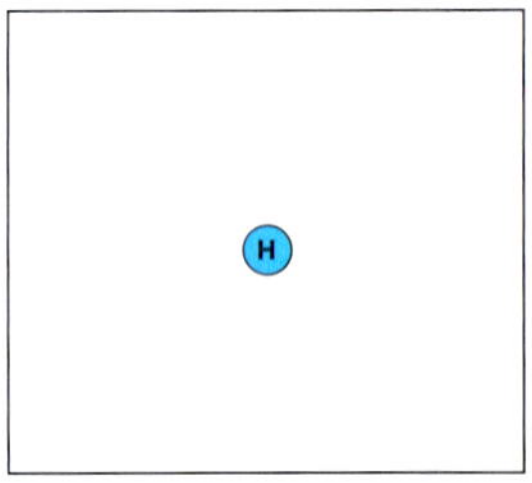

El hidrógeno es el elemento con los átomos más pequeños. Un átomo de hidrógeno mide aproximadamente 0.1 nm de diámetro.

Lípido

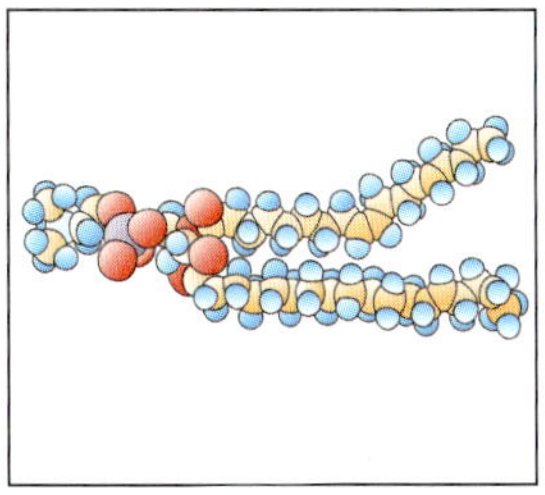

El lípido también se conoce como grasa. Un tipo de lípido es la molécula de fosfolípido, que forma la espina dorsal de la membrana celular. Mide menos de 1 nm a su través. Los fosfolípidos están hechos de carbono, hidrógeno y fósforo.

Nitrógeno

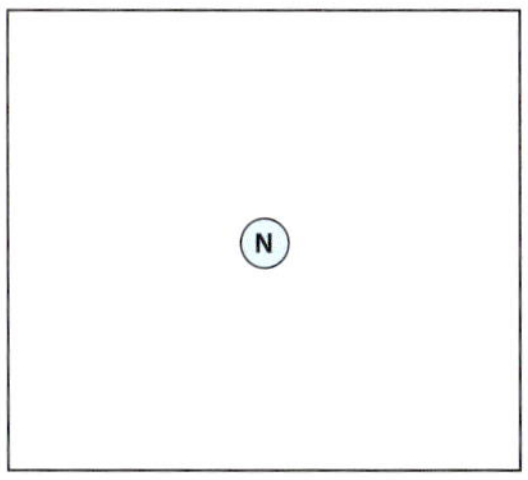

El nitrógeno es un elemento. Un átomo de nitrógeno mide unos 0.15 nm de diámetro.

Mitocondria

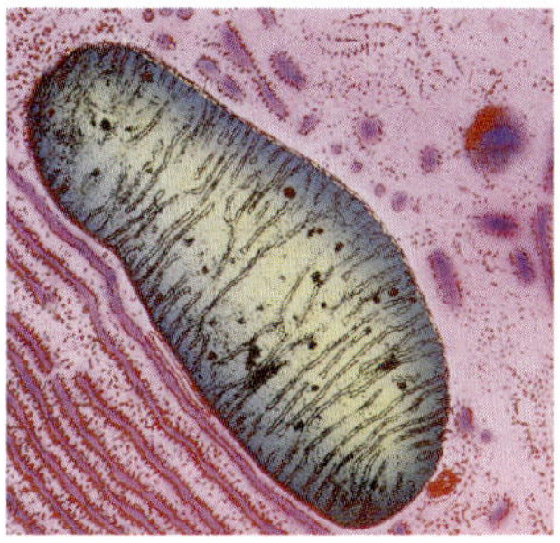

Las mitocondrias son estructuras que se encuentran en todas las células excepto en las bacterias y las arqueas. Las mitocondrias son las 'centrales eléctricas' de las células y convierten el alimento la energía útil para la célula. Estos orgánulos varían de tamaño de 0.5 a 10 µm. Las mitocondrias tienen membranas hechas de fosfolípidos y proteínas. Tienen su propio ADN y en el pasado distante eran organismos independientes.

Núcleo

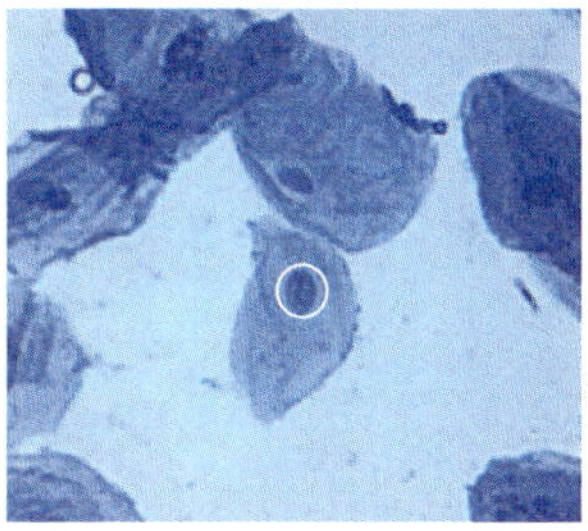

El núcleo es una estructura que se encuentra en todas las células excepto en las bacterias y las arqueas. El núcleo contiene ADN. Es el orgánulo más grande de las células animales. El núcleo de una célula de una mejilla humana mide unos 10 µm de diámetro. Tiene una membrana que la rodea y está hecha de fosfolípidos y proteínas.

Oxígeno

El oxígeno es un elemento. Un átomo de oxígeno mide aproximadamente 0.13 nm de diámetro.

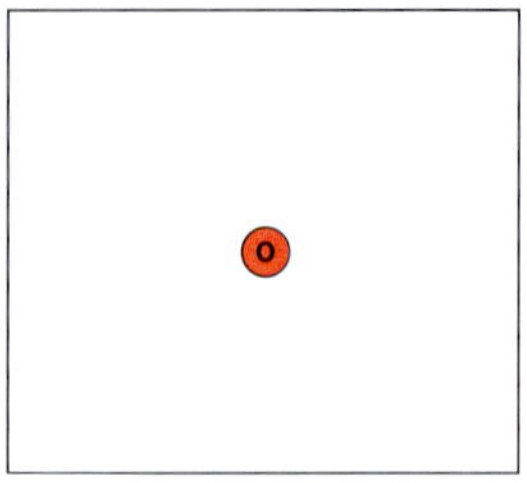

Fósforo

El fósforo es un elemento. Un átomo de fósforo mide aproximadamente 0.25 nm de diámetro.

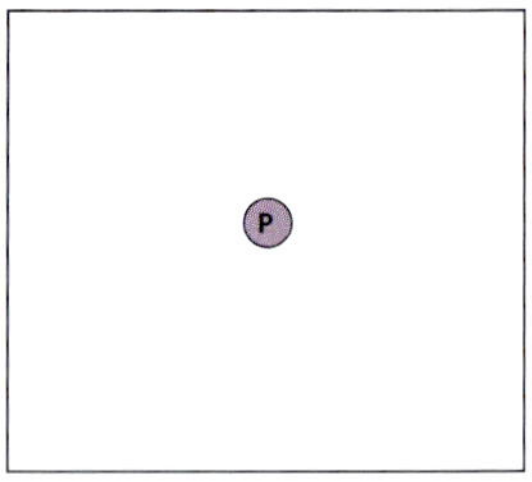

Paramecio

Los paramecios son protistas unicelulares e independientes. Los paramecios viven en agua dulce, pero pueden sobrevivir en una condición latente en el suelo. El *Paramecium caudatum* que viste en clase mide entre 180 y 300 µm de largo. El paramecio tiene una membrana celular, un núcleo, mitocondrias, vacuolas y otras estructuras celulares.

Proteína

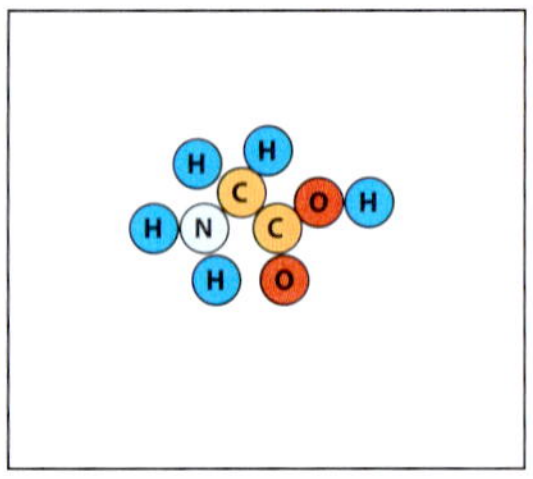

Una proteína es una molécula compuesta de unidades más pequeñas llamadas aminoácidos. Las proteínas varían de tamaño. Algunas son de tan solo varios nanómetros de diámetro cuando se doblan. Las proteínas son importantes para las estructuras celulares y para muchas de las reacciones químicas dentro de una célula. Las proteínas están formadas de carbono, hidrógeno, oxígeno, nitrógeno y átomos.

Álbum familiar de las arqueas

Halobacterium salinarum

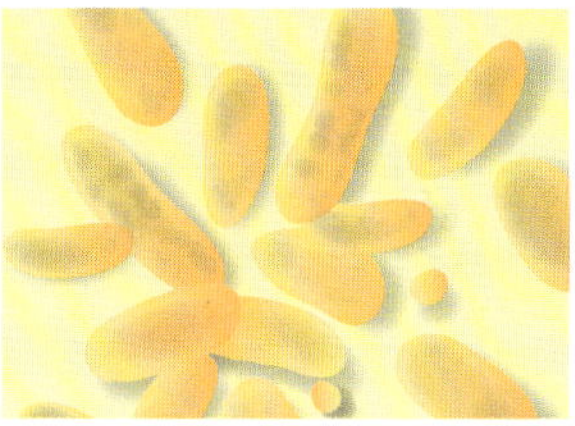

Halo significa sal. Un medio ambiente apropiado para este halófilo (amante de la sal) tiene una concentración de sal alta. La salinidad necesaria para que sobrevivan las halobacterias es mucho mayor que la del océano. Mataría a los organismos no halófilos, lo que significa a casi todos los organismos de la Tierra.

H. salinarum se encuentra en masas de agua salinas como el lago Mono, el Gran Lago Salado y el Mar Muerto. A veces da un color rojo vivo a estas masas de agua.

Los científicos llamaron a estas arqueas halobacterias, ¡antes de descubrir que ni siquiera son bacterias!

Methanobrevibacter smithii

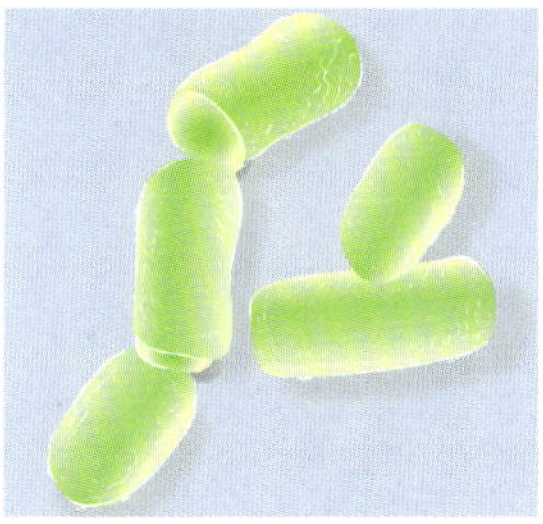

Esta especie de arquea es un microbio que se encuentra en el intestino humano. Eso significa que vive dentro del sistema digestivo humano y ayuda en la digestión. *M. smithii* descompone azúcares complejos y produce gas metano. (¿Ves una palabra parecida a metano en su nombre?). De hecho, *M. smithii* es responsable de la mayoría de la producción de metano en los humanos.

Los científicos están intentando aprender más sobre cómo estos organismos afectan a la digestión humana. Parece que *M. smithii* puede jugar un papel en el control del peso.

Methanocaldococcus jannaschii

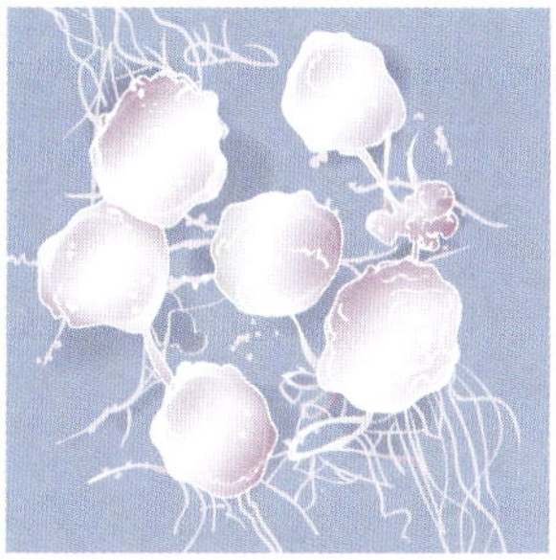

Esta especie de arquea es termofílica (*thermo* = calor, *philic* = atraído a). Fue descubierta en aguas termales de Massachusetts. Produce gas metano. (¿Ves una palabra parecida a metano en su nombre?).

M. jannaschii fue la primera especie de arquea a la que se le secuenció (analizó) su ADN por completo. Esto fue muy importante porque los científicos habían clasificado las arqueas con las bacterias, pensando que todas eran formas de bacterias. Cuando pudieron comparar su ADN, los científicos se dieron cuenta de que las arqueas y las bacterias son dos dominios distintos (divisiones principales) de la vida.

Crenarchaeota

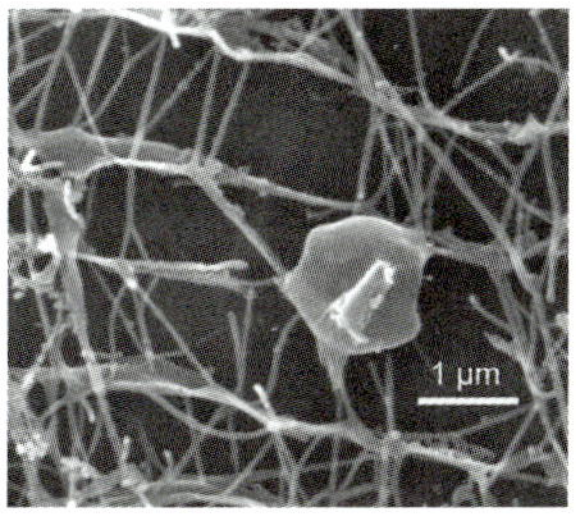

Crenarchaeota es una categoría de arquea. Algunas *Crenarchaeota* viven en calor extremo. Han sido encontradas en la temperatura más alta para cualquier organismo conocido, 115°C. Los científicos de la NASA creen que en Marte pudieron haber existido aguas termales. Si había vida en ellas, podría haber sido similar a las *Crenarchaeota*.

Las *Crenarchaeota* también han sido encontradas en otros organismos en el suelo oceánico y en el suelo. Los científicos sospechan que las *Crenarchaeota* del suelo superan en número con mucha diferencia a las bacterias del suelo.

Sulfolobus solfataricus

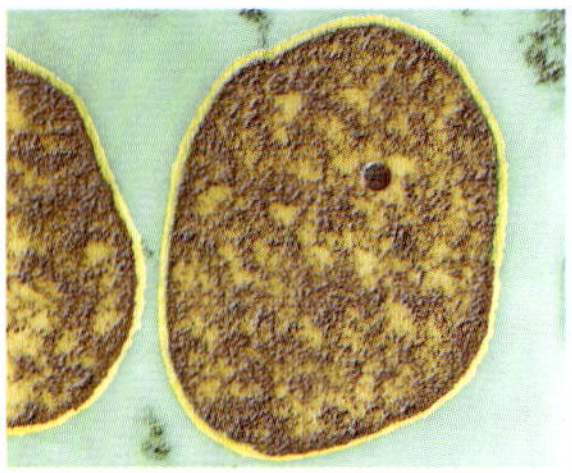

S. suolfataricus es un termófilo y un acidófilo, lo que significa que prospera en lugares que son extremadamente calientes y ácidos. Estas especies de arquea vive en casi todas las zonas volcánicas, incluidas el Parque Nacional de Yellowstone y el monte Santa Helena. Recibió ese nombre por el volcán Solfatara de Italia, donde fue descubierto.

Estos organismos metabolizan el azufre encontrado en las zonas volcánicas en las que prosperan. (¿Ves una palabra parecida a *azufre* en su nombre?). Viven en aguas termales volcánicas o en formaciones volcánicas llamadas piscinas de barro, que son zonas de barro hirviendo.

Methanococcoides burtonii

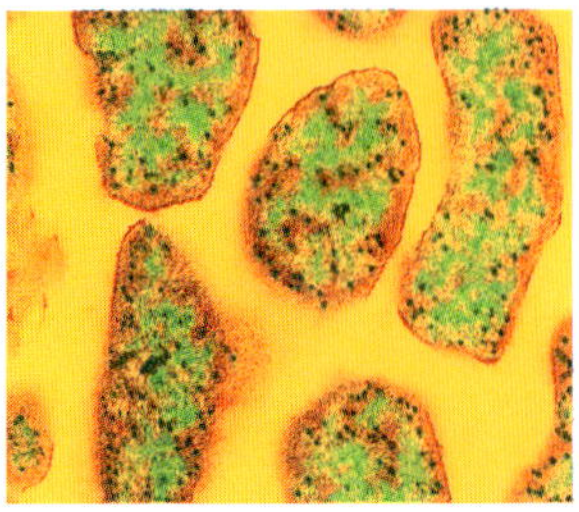

Esta especie de arquea es psicrófila (*psico* = frío, *fila* = atraída a), que significa que prospera en el frío extremo. *M. burtonii* vive en el fondo del Lago Ace de la Antártida, donde la temperatura ronda los 1 o 2 grados sobre el punto de congelación del agua.

La clave de sobrevivir en estas temperaturas es la membrana celular. Primero, las proteínas de la *M. burtonii* son flexibles en vez de rígidas. Segundo, modifican las grasas (fosfolípidos) de una manera que las hace menos probable de que se congelen. Estos organismos producen gas metano. (¿Ves una palabra parecida a metano en su nombre?).

Pyrococcus furiosus

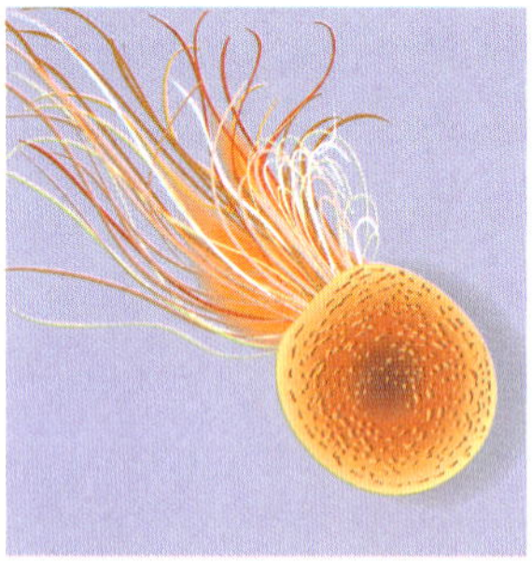

Esta especie de arquea es hipertermofílica (*hiper* = exceso, *termo* = calor, *fílica* = atraída a). Está en la pequeña categoría de organismos que prosperan en temperaturas por encima del punto de ebullición del agua. *P. furiosus* vive en las fumarolas hidrotérmicas del océano. El nombre *Pyrococcus* significa baya de fuego en griego, un nombre que se le da por su forma redondeada y la tolerancia al calor extremo.

P. furiosus también es conocida por contener el elemento tungsteno en sus moléculas, que es raro entre los organismos.

Cenarchaeum symbiosum

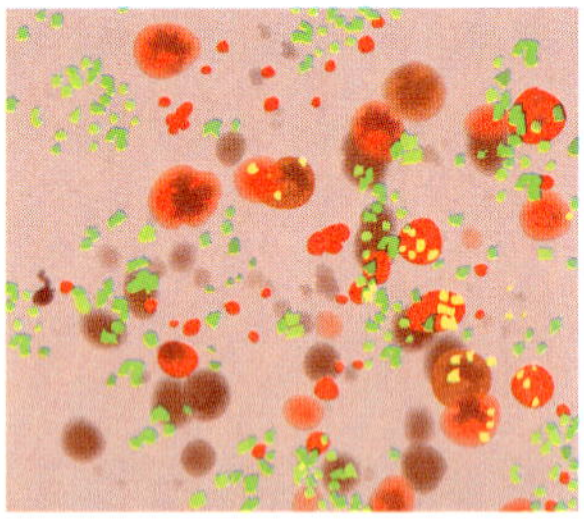

C. symbiosum vive en esponjas en el océano, principalmente en el Pacífico cerca de California. Esta especie de arquea prospera a temperaturas entre 8°C y 18°C, un rango de temperatura adecuado para la mayoría de los organismos.

Es un simbionte de la esponja, lo que significa que no puede sobrevivir fuera de la esponja.

Los tres dominios de la vida

La clasificación actual de la vida es en tres dominios: bacterias, arqueas y eucariotas. Las bacterias y las arqueas consisten en organismos procariotas. La eucariota consiste en organismos eucariotas.

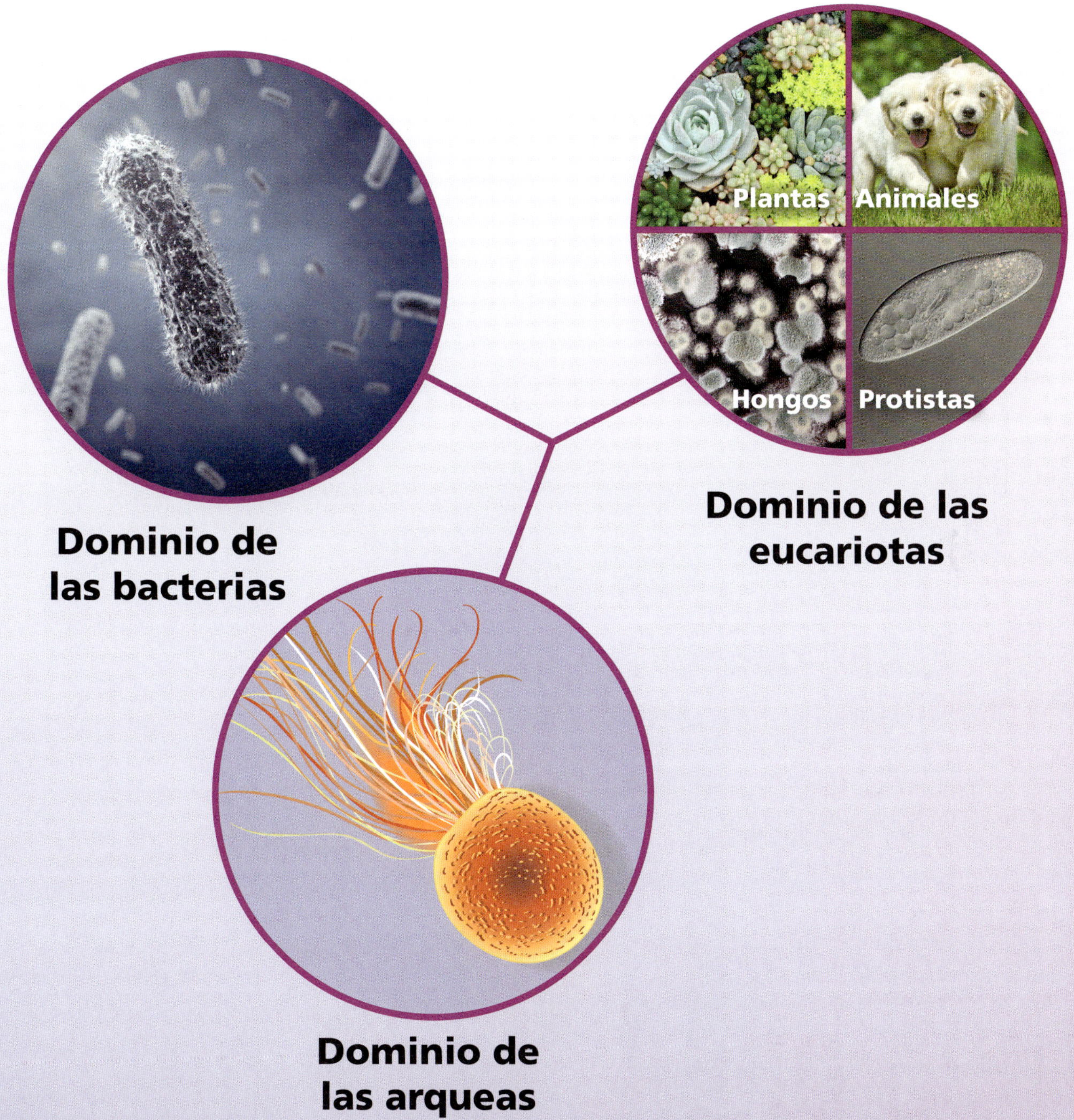

Información sobre las flores

Camelia

La camelia es un arbusto de hoja perenne. Sus bonitas flores pueden ser desde blancas a un rojo intenso. Las flores de la camelia miden de 5 a 10 cm a lo largo y permanecen abiertas día y noche.

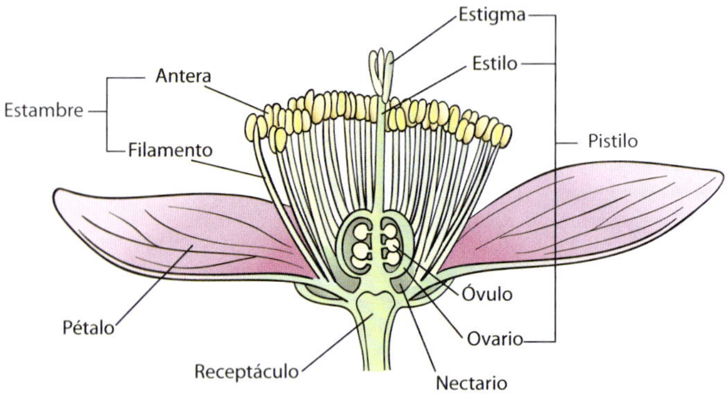

Fucsia

Las flores de fucsia son normalmente rojas, rosadas y de color lavanda. Cuelgan hacia abajo de sus tallos como linternas. Su gran reserva de néctar está bien arriba en un tubo estrecho, lo que requiere que el polinizador se meta 2 o 3 cm dentro de la flor.

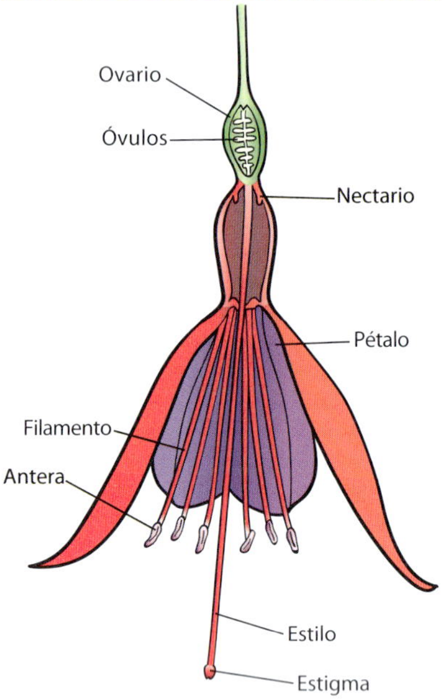

Boca de dragón

La boca de dragón produce muchas flores en un tallo largo. Cada flor mide unos 3 cm de profundidad y 1 cm a lo ancho. La flor parece una boca cerrada con un labio inferior grande que sobresale. Para entrar a la flor a por néctar, un polinizador debe empujar la flor para abrirla.

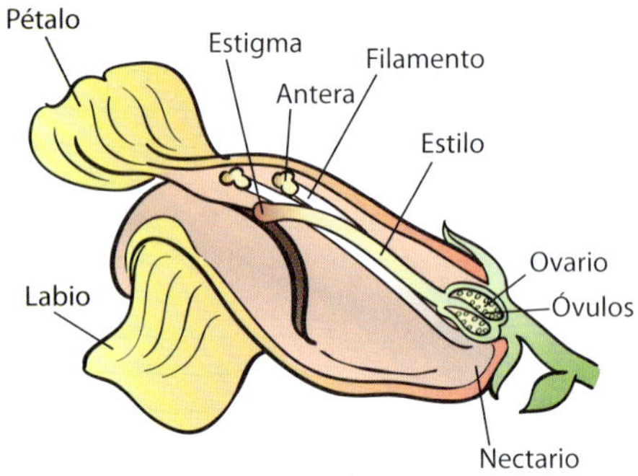

Lirio de día

La diana de color claro en el centro del lirio de día es obvio para un polinizador potencial. El estigma sobresale por arriba para que el polinizador pueda encontrarlo primero, soltando cualquier polen.

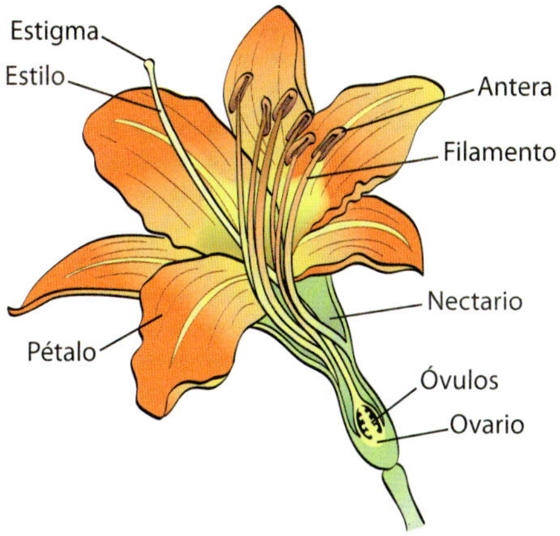

Gaillardia

La gaillardia es una flor compuesta con cientos de pequeños flósculos en disco en el centro. Los polinizadores con alas grandes o pequeñas pueden aterrizar en la cara abierta de la flor. Algunos polinizadores trepan de flósculo en flósculo buscando néctar.

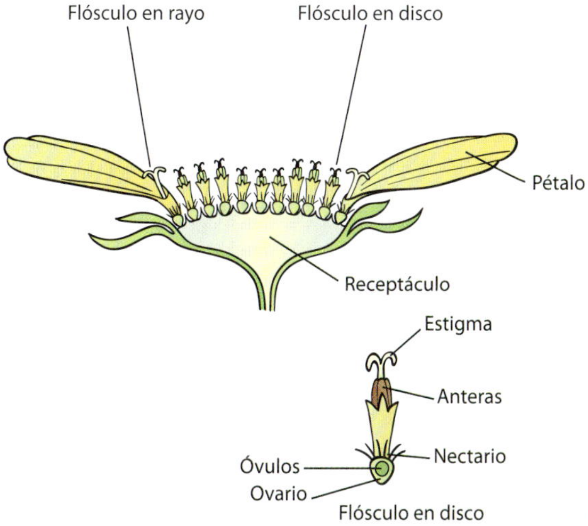

Narciso

Las flores del narciso son normalmente amarillo brillante y aromáticas. El pistilo y los estambres están dentro de una estructura de taza o trompeta que mide unos 2 cm de ancho. Un polinizador debe trepar dentro de la taza para conseguir el néctar.

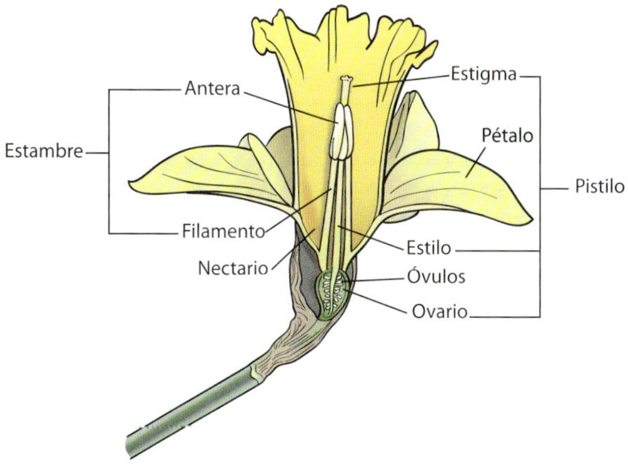

Amapola

Las amapolas crecen solas al final de los tallos. Las flores son abiertas y reciben polinizadores voladores o insectos que trepan por los tallos. Las amapolas no tienen un nectario.

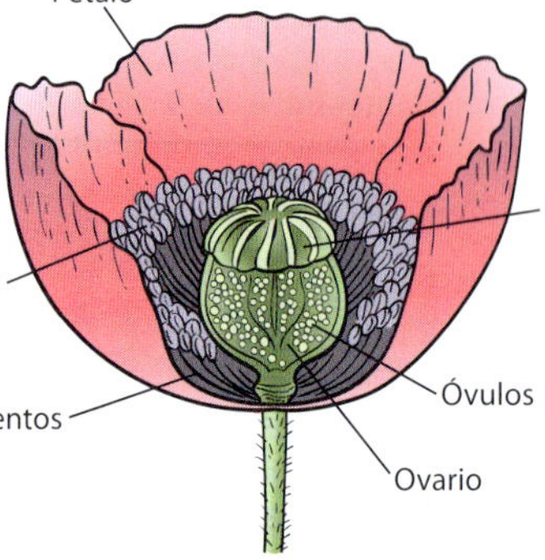

Rosa silvestre

Las rosas silvestres son flores sencillas, normalmente con cinco pétalos. Tienen varios ovarios, con estilos que se elevan en el centro de la flor. La mayoría de las rosas que vemos a la venta fueron criadas por más pétalos y colores. Las rosas no tienen un nectario.

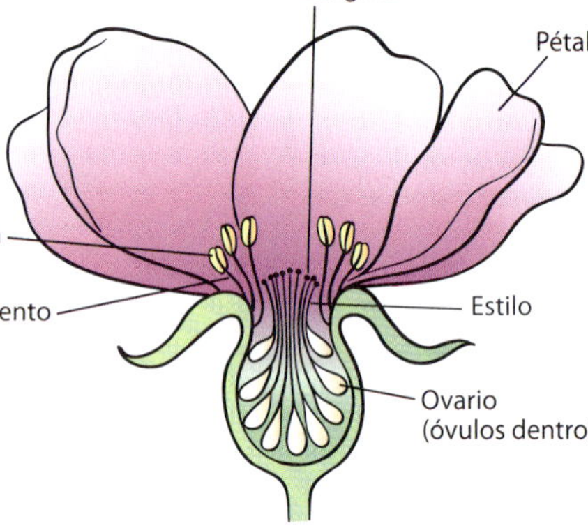

Penstemon

La flor del *Penstemon* es un tubo largo. Algunas especies nativas tienen flores que son estrechas, llenas de néctar y rojas o anaranjadas. Estas atraen a ciertos polinizadores. Otros plantas de *Penstemon* silvestres tienen flores más anchas sobre las que pueden caminar los polinizadores.

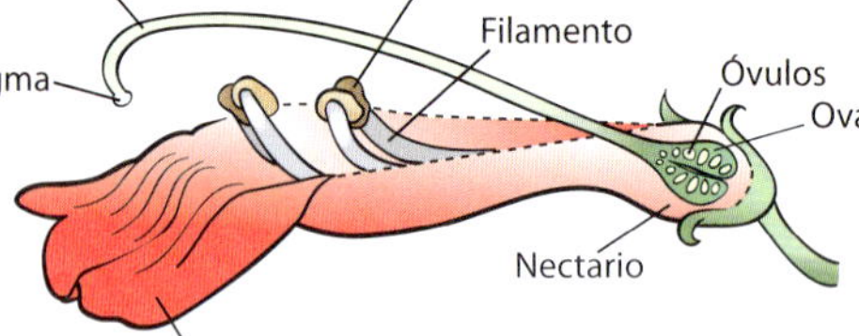

Tulipán

Los tulipanes se encuentran en una gran variedad de colores. Muchos son aromáticos. Sus anchos y abiertos pétalos dan acceso al estigma y a las anteras con polen. Florecen pronto en la primavera cuando los polinizadores buscan néctar.

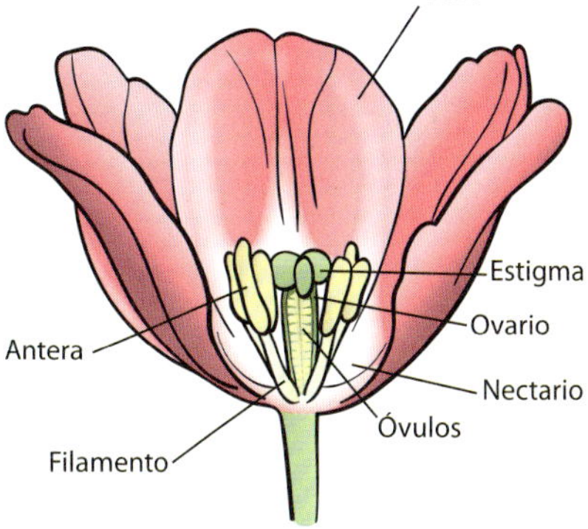

Alstroemeria

La *Alstroemeria* tiene pétalos con rayas que actúan como guías para los polinizadores. Florecen en la primavera tardía o en el verano temprano. No tienen fragancia. Hay unas 50 especies diferentes de *Alstroemeria*.

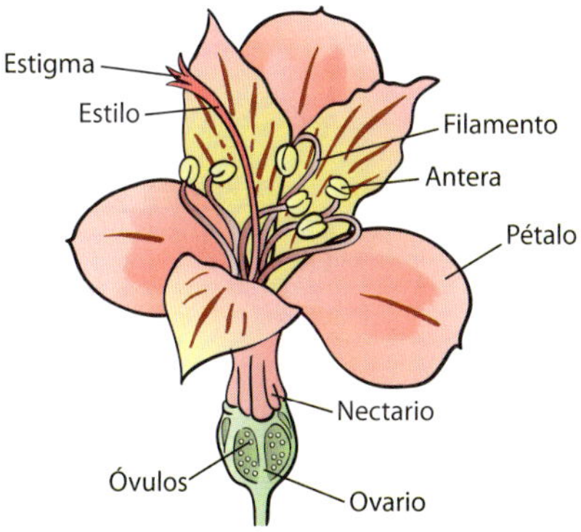

Flores y polinizadores

Síndromes de polinización

La diversidad de las flores en el mundo es el resultado de la evolución. Los registros fósiles muestran que las plantas con semillas se desarrollaron primero hace casi 360 millones de años. Las semillas permiten a las plantas sobrevivir en diferentes medio ambientes en la tierra. Una semilla puede estar latente hasta que las condiciones medioambientales son óptimas para su supervivencia. Hace unos 130 millones de años, aparecieron las plantas con flor. Desde estos comienzos, los científicos estiman que se han desarrollado de 250,000 a 400,000 especies de plantas con flor.

El término *planta con flor* puede recordar a un campo colorido de flores silvestres. Pero una planta con flor es cualquier planta que tiene flores y frutos para producir y almacenar semillas. Las amapolas, los guisantes, las calabazas y los arces son plantas con flor.

Las ásteres moradas y las abejas peludas son un ejemplo de co-evolución. Las flores moradas y la forma asimétrica de los ásteres atraen a las abejas en busca de néctar, y sus cuerpos peludos recogen y llevan el polen a otros ásteres.

Las primeras plantas productoras de semillas dependían del viento para llevar el polen al huevo. Algunas plantas con flor, como los pastos, siguen dependiendo del viento para la polinización. Pero la mayoría de las plantas con flor han desarrollado relaciones con animales polinizadores, normalmente insectos, para hacer el trabajo. Todas las especies de flor que dependen de los polinizadores animales tiene un grupo de características conocidas como **síndrome de polinización** que las atrae a ciertos polinizadores.

Las flores y los polinizadores han cambiado juntos (**co-evolucionado**) durante millones de años para conseguir su éxito. Cuando la variación entre las plantas lleva a diferencias en el color o la forma de las flores, o si florecen más pronto en la temporada que la generación anterior, las plantas puede que no atraigan polinizadores. Puede que no se reproduzcan, y que esa especies de planta con flor se muera. Si los polinizadores co-evolucionan con los cambios de la planta con flor, ambos tipos de organismos seguirán teniendo éxito.

¿Qué determina qué tipo de flor elige un polinizador? Las plantas con flor emplean una o más estrategias para atraer a polinizadores. Estas incluyen forma y tamaño, color, aroma, alimento, horario (día/noche, estación), mimetismo (imitación) y cacería.

Las hormigas polinizan flores que crecen cerca del suelo, como este polemonio.

Forma y tamaño

La forma de la flor es importante para los polinizadores. Muchas flores contienen néctar en un nectario. Esta estructura puede estar bien adentro de la flor. Si un polinizador busca néctar, necesita una manera de alcanzarlo. Algunos polinizadores, como las abejas, pueden viajar de flor a flor. Otros, como los escarabajos, son menos ágiles y prefieren flores que dan mucho néctar y polen.

Polinizador	Formas de flor
Hormigas	Flores pequeñas que crecen bajas y están cerca del tallo
Murciélagos	Flores grandes en forma de campana
Abejas	Flores que se abren solo para las abejas relativamente pesadas Flores simétricas (un lado es una imagen espejo del otro lado) Nectario en la base del tubo o la taza
Escarabajos	Flores abiertas en forma de cuenco que proporcionan un lugar de aterrizaje estable y espacio para que los escarabajos repten y mastiquen la flor Flores grandes y solitarias o grandes grupos de flores pequeñas
Mariposas	Flores con la parte de arriba plana o grupos de flores Plataformas de aterrizaje donde las mariposas pueden posarse y usar su largo probóscide (lengua) para sacar el néctar de la flor
Moscas	Flores en forma de embudo
Colibríes	Flores en forma de trompeta, campana, embudo o taza Las aves rondan sobre la flor y usan sus largas lenguas para extraer el néctar
Polillas	Abiertas, sin labio

Color

El color le dice al polinizador que hay una recompensa por visitar la flor. A menudo esa recompensa es néctar o polen. Las flores pueden mostrar un color intenso que señala la ubicación del néctar. Otras flores reflejan la luz ultravioleta, que algunos insectos pueden ver. Algunas flores cambian de color después de que los visite un polinizados, haciéndolas prácticamente invisibles para los otros polinizadores. Ya no necesitan atraer un polinizador.

Polinizador	Colores atractivos
Murciélagos	Blanco y colores pastel
Abejas	Amarillo, azul, morado, ultravioleta Los patrones de color que dirigen a la abeja al mejor lugar de aterrizaje
Escarabajos	Blanco, verde
Mariposas	Rojo, anaranjado, amarillo, rosado, morado, colores intensos
Moscas	Verde, lima, blanco, crema, color café oscuro, morado, granate
Colibríes	Rojo, anaranjado, morado-rojo, amarillo
Polillas	Blanco, verde, colores apagados

Los colibríes visitan cientos de flores en un día y les atrae las flores moradas "bocabajo" como esta flor del corazón.

La mayoría de los insectos polinizadores no pueden ver el color rojo, pero las mariposas y los colibríes sí pueden, lo que los hace polinizadores importantes para estas flores.

Aroma

El aroma atrae intensamente a los polinizadores que, o bien no pueden ver el color, o son activos de noche. Las flores que atraen con el aroma suelen tener colores más apagados, como rojo oscuro, morado o color café, o son pálidas o blancas. El aroma de algunas flores es tan fuerte que pueden detectarse a 1 kilómetro (km) de distancia.

Polinizador	Aromas atractivos
Murciélagos	Fruta tropical muy aromática y aromas frutales de fermento
Abejas	Fragancia dulce o de menta
Escarabajos	Aromas fuertes y afrutados Olores fétidos (extremadamente desagradables)
Mariposas	Olores suaves pero frescos
Moscas	Carne podrida, estiércol, olores terrestres y sangre
Colibríes	Ninguno
Polillas	Feromonas de la polilla hembra, aromas de flor fuertes Las flores que despiden más aroma por la noche que por el día

Las lilas florecen durante la primavera y tienen fragancias muy fuertes y dulces que atraen a las abejas.

Los escarabajos deambulan alrededor de una flor, comiendo y masticándolo todo. A veces se les llama polinizadores de "desastre y suciedad" porque dejan incluso sus desechos sobre las flores, ¡recogiendo el polen mientras tanto!

Alimento

La razón principal por la cual los animales visitan flores es por el alimento. El polen y el néctar son el principal alimento de polinizadores como las abejas, los escarabajos, las mariposas y los colibríes. Si una planta ofrece una buena comida, algunos visitantes la encontrarán. Las pequeñas flores verdes de las parras puede que no parezcan atractivas, pero una abundancia de néctar expuesto en la superficie de la flor atrae a las abejas, moscas y avispas de lenguas cortas. Las plantas que esconden el alimento muy adentro de la flor a menudo usan el aroma y el color para anunciar su presencia. Las plantas que atraen a los comedores de polen normalmente producen mucho polen. Satisface al polinizador y asegura que algo de polen llegue a otra flor.

Polinizador	Alimentos atractivos
Murciélagos	Mucho néctar y polen
Abejas	Néctar y polen
Escarabajos	Néctar
Mariposas	Néctar escondido dentro de la flor
Moscas	Polen y néctar expuesto
Colibríes	Néctar muy adentro de la flor
Polillas	Mucho néctar escondido dentro de la flor
Avispas	Néctar expuesto

Una mariposa usa su largo probóscide para buscar el néctar rico en energía que alimenta sus músculos voladores.

Las abejas son excelentes polinizadoras, moviéndose de flor en flor para recoger polen y alimentar a su descendencia y néctar que convierten en miel en sus colmenas.

Horario

Los polinizadores que están activos por la noche, como los murciélagos y las polillas, necesitan encontrar flores que estén abiertas por la noche. Las plantas que se abren por la noche no pueden depender de pistas visuales para atraer a los polinizadores. Suelen tener flores largas y pálidas que son muy fragrantes.

Algunas flores pueden abrirse solo durante un periodo corto de tiempo durante el día. Por ejemplo, el dondiego de día se abre poco tiempo en la mañana, cuando hay menos flores abiertas en otras plantas.

El horario también puede ser estacional. Las diferentes plantas florecen en diferentes ocasiones en la primavera, el verano y el otoño. La etapa de floración de una planta con flores tiene que coordinarse con el suministro de polinizadores. Las flores que se abren al principio de la primavera suelen ser pequeñas. No necesitan atractivos especiales, porque después de un largo invierno, los polinizadores están ansiosos por comer polen y néctar. Las flores de verano suelen ser grandes, de colores intensos y aromáticas.

Polinizador	Horarios disponibles
Murciélagos	Noche, cerrada durante el día
Abejas	Día
Escarabajos	Día
Mariposas	Día
Colibríes	Día
Polillas	Final de la tarde o noche

Las polillas noctuido están activas por la noche. Vuelan lentamente y se posan sobre una flor para extraer su néctar.

Los murciélagos son polinizadores importantes. El polen se adhiere a sus caras cuando buscan néctar e insectos que están en las flores.

Mimetismo

Muchas especies producen una flor y/o aroma que atrae a un polinizador sin recompensarlo. Algunas flores tienen un aroma que imita el de la carne podrida. Un insecto atraído a estos olores pondrá sus huevos y polinizará la flor. Sin embargo, cuando los huevos se abren, no hay carne podrida que puedan comer las larvas, y estas se mueren.

Las orquídeas son las maestras del mimetismo. Un tipo de orquídea parece una avispa hembra. Emite feromonas que atraen a las avispas macho. Cuando la avispa macho intenta aparearse con la avispa falsa, recoge el polen y lo lleva a la siguiente flor.

La mayoría de flores que observaste en clase no usan el mimetismo para atraer a polinizadores.

Polinizador	Mimetismos atractivos
Abejas	Flores con forma de abeja
Moscas	Alimento (aroma de insecto presa, carne podrida)
Polillas	Feromona de la polilla hembra
Avispas	Flores con forma de avispa y feromonas

Cacería

Unas pocas plantas han desarrollado un método de polinización diferente. La planta atrae al polinizador con una combinación de pistas, incluidas la apariencia, el aroma, el alimento y el mimetismo. Cuando el polinizador busca su recompensa, la flor lo atrapa. El polinizador intenta escapar de la flor y se cubre de polen. Se lleva el polen cuando se escapa.

La flor de carroña, o flor cadáver, atrae a las moscas carroñeras con un aroma similar al de la carne podrida.

Estructuras y funciones de los insectos

Todos los insectos son animales multicelulares sin columna vertebral (invertebrados). Todos tienen estas características:

- Un exoesqueleto (una cobertura de superficie dura)
- Cuerpos segmentados con tres secciones principales: la cabeza, el tórax y el abdomen
- Tres pares de patas articuladas (seis patas en total)
- Un par de antenas
- Ojos simples y compuestos

Las damiselas tiene ojos compuestos extraordinarios. ¡Puedes diferenciarlas de las libélulas porque sus ojos están separados en la cabeza!

El insecto palo espinoso gigante es gigante de verdad (hasta 20 cm de largo) y espinoso, ya que está cubierto de púas para la defensa y el camuflaje.

La mosca linterna tiene un "morro" largo y hueco que le ayuda a llegar a la savia debajo del tronco. ¡Esta especie invasora recibe su nombre de la falsa idea de que su brillante nariz se enciende!

La libélula tiene dos pares de alas fuertes y flexibles que pueden tanto agitarse como rotar. Este rápido volador atrapa toda su comida al vuelo.

El ciervo volador está armado con un feroz par de mandíbulas como pinzas, usadas principalmente en la lucha con otros machos.

El exoesqueleto protege los órganos internos, ancla los músculos y evita que el insecto se seque. El exoesqueleto de un insecto está hecho de fuerte y ligera quitina. La quitina también es el material base de los cuernos de otros animales. Es como el material que forma tus uñas.

Todos los insectos comparten este diseño estructural. Pero las partes de su cuerpo varían mucho, dependiendo de sus necesidades de supervivencia. La variación de estas estructuras fundamentales ha producido la colección más diversa de animales de la Tierra. De hecho, ¡se estima que hay más de 1 millón de especies de insectos!

En la parte inferior de la cucaracha gigante de Madagascar, puedes ver claramente tres segmentos: la cabeza con las antenas pegadas, el tórax, que sujeta seis patas, y el abdomen.

Estructuras de insectos

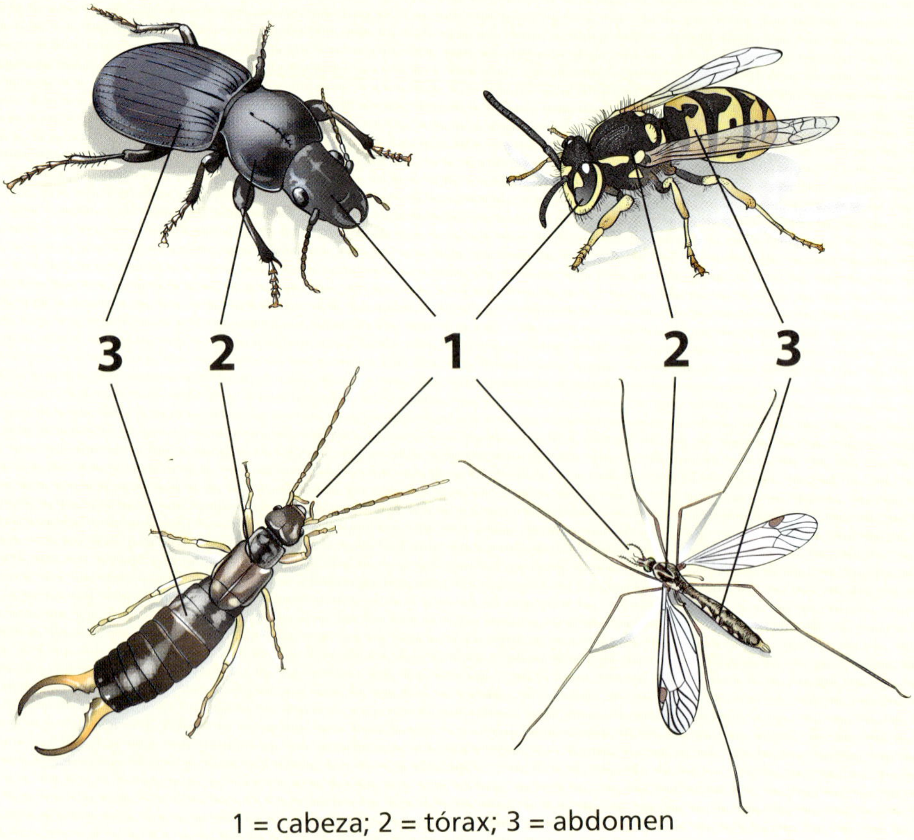

1 = cabeza; 2 = tórax; 3 = abdomen

Los tres segmentos que forman todos los cuerpos de los insectos siguen el mismo patrón básico, pero están adaptados de manera única a las diferentes funciones en las diferentes especies.

Cabeza

Toma un momento para examinar la cabeza de tu cucaracha. Observarás tres estructuras: los ojos, las antenas y las partes bucales.

Ojos. Los ojos les dan a los insectos información sobre su medio ambiente. Los insectos tienen dos tipos de ojos, simples y compuestos. Dos ojos grandes compuestos tienen muchas lentes pequeñas (hasta 25,000). Las lentes detectan el color y el movimiento. Mirar a través de ojos compuestos es como ver mil pantallas de televisión a la vez. Cada "pantalla" muestra el objeto desde un ángulo ligeramente diferente. Los ojos simples más pequeños suelen estar ubicados en la frente. Registran cambios en la intensidad de la luz. Esta función les permite a los insectos detectar la longitud del día y les ayuda a determinar las estaciones. Eso le dice al insecto cuándo reproducirse, migrar e hibernar.

Los ojos compuestos de un insecto son inmóviles, pero son ideales para ver el movimiento. La forma esférica y sobresaliente permite un campo de visión ancho de casi 360°, pero poco detalle.

Esta es la visión desde un ojo compuesto. Los ojos grandes compuestos permiten un amplio campo de visión, pero no ven mucho detalle.

Antenas. Los insectos siempre tienen dos antenas, normalmente cerca de los ojos. Estas partes móviles sienten olores, vibraciones y otra información del medio ambiente. Las antenas son de muchas formas y tamaños. Pueden diferir entre machos y hembras. Hay cinco tipos principales de estructuras de antenas.

	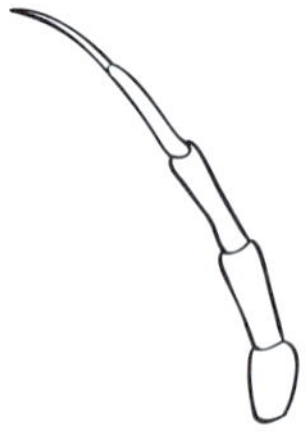		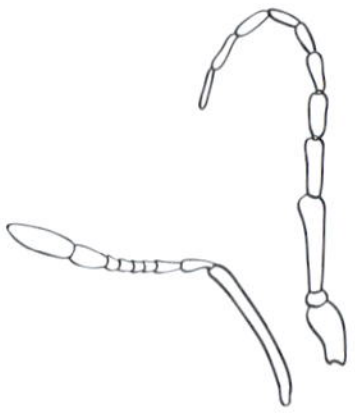	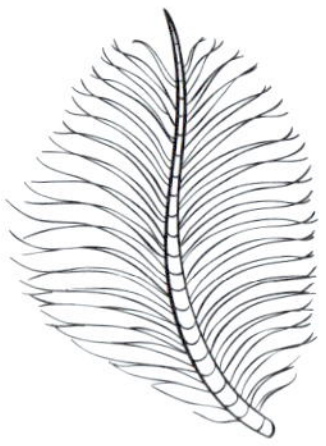	
Tipo	Setácea	Capitada	Acodada	Plumosa	Filiforme
Ejemplos	Libélulas	Mariposas, polillas, escarabajos	Hormigas, escarabajos, abejas	Polillas, mosquitos	Escarabajos terrestres, saltamontes

Las antenas acodadas de este escarabajo están dobladas en ángulos que le permiten al insecto sentir lo que sujeta con la boca.

Las antenas de las polillas macho son tan sensibles a los olores que pueden detectar las feromonas de una polilla hembra a kilómetros de distancia.

Las antenas de la mariposa pueden sentir sustancias químicas en el aire, lo que les lleva hacia las flores que producen néctar.

El saltamontes puede girar sus antenas para sentir mejor el medio ambiente.

Partes bucales. Las partes bucales del insecto pueden decirnos muchas cosas sobre los hábitos de alimentación. La forma de las partes bucales de un insecto está adaptada a un tipo específico de alimentación. Estas adaptaciones ayudan al insecto a obtener los nutrientes que necesita.

	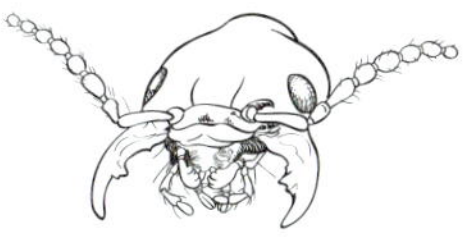	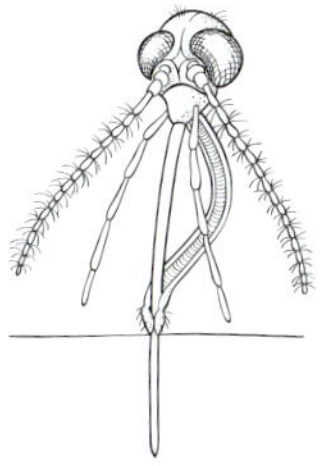		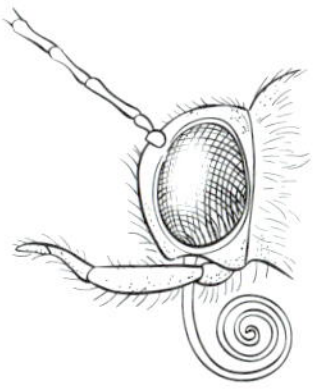
Tipo	Masticar	Perforar/succionar	Absorber	Extraer
Ejemplos	Escarabajos, saltamontes	Mosquitos, áfidos, chinches	Moscas domésticas, moscardas	Polillas, abejas, mariposas

Las partes bucales del escarabajo le permiten agarrar y masticar alimento.

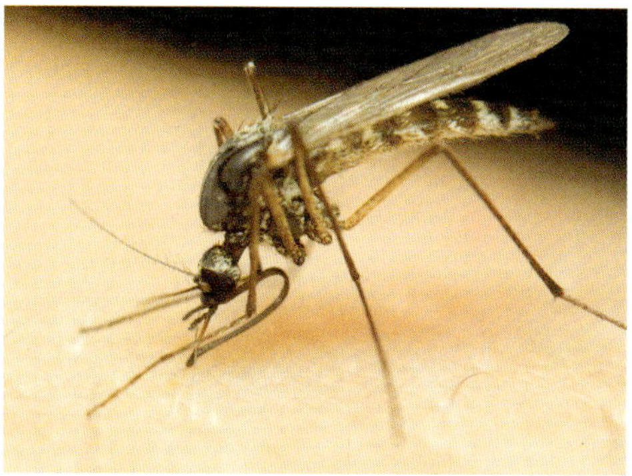

Las partes bucales de un mosquito le permiten perforar la piel y succionar la sangre de su huésped.

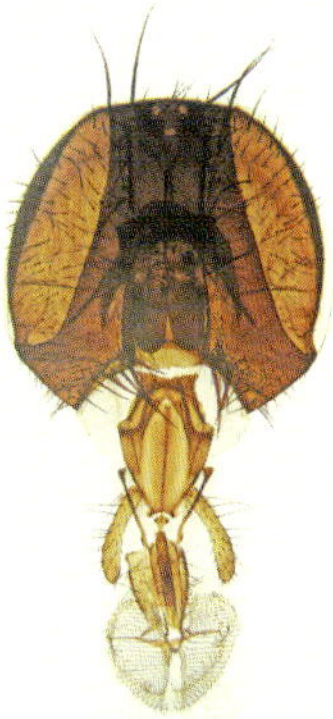

¿Qué estructura observas aquí que ayudaría a una mosca doméstica a absorber líquidos?

Las partes bucales de un insecto extractor saca el néctar líquido sin tener que perforar o penetrar membranas.

Tórax

El tórax de todos los insectos se divide en tres segmentos. Un par de patas está pegada a cada segmento. ¿Ves los segmentos en tu cucaracha?

Alas. Los insectos son los únicos invertebrados conocidos que han desarrollado la habilidad de volar. La mayoría de los insectos tienen dos pares de alas pegadas al tórax. En algunos grupos de insectos (como los escarabajos), el par frontal de alas es una cubierta dura. Protege al segundo par de alas, el tórax y el abdomen. Otros insectos tienen protuberancias en sus alas que se frotan para producir un sonido. Esta estructura produce la canción del grillo y el zumbido de la cigarra.

	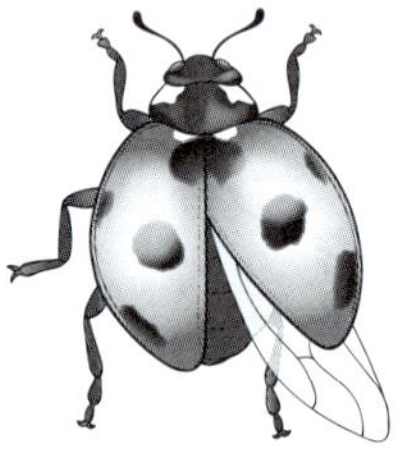	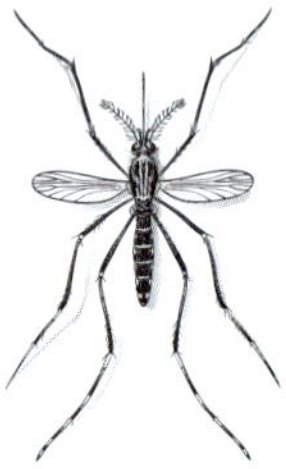	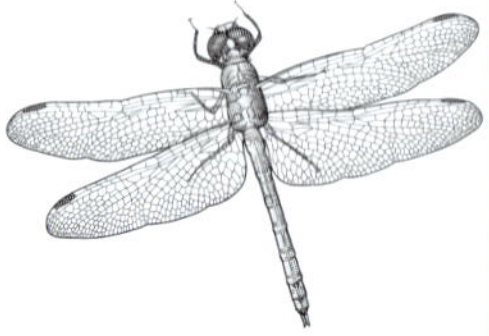	
Tipo	Ala exterior endurecida	Alas voladoras y halterios (alas modificadas)	Alas como membranas	Alas cubiertas de escamas
Ejemplos	Escarabajos	Mosquitos, moscas	Libélulas, abejas, avispas, termitas	Polillas, mariposas

Las alas exteriores endurecidas del escarabajo protegen las frágiles alas voladoras.

Las moscas domésticas tienen halterios debajo de las alas principales que les ayudan a controlar el vuelo.

Las alas voladoras flexibles de la libélula le permiten cambiar de dirección rápidamente.

Miles de escalas en las alas de la mariposa la protegen y aíslan las delgadas capas de proteínas de debajo.

Patas. Las patas de los insectos son muy variadas, ya que se han adaptado a diferentes tipos de movimiento. Muchos insectos tienen ganchos, espinas y cerdas en sus patas para sujetarse a ramas y hojas. Estas estructuras también son útiles para acicalarse. Los insectos se limpian frecuentemente los ojos, la cara y las antenas para mantener sus herramientas sensoriales en buenas condiciones. Las moscas tienen almohadillas pegajosas en sus patas que les permiten caminar por superficies lisas como el vidrio.

	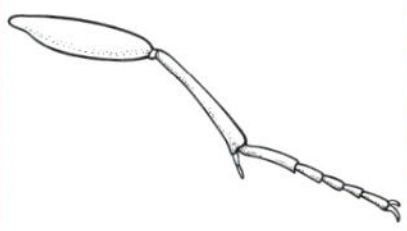	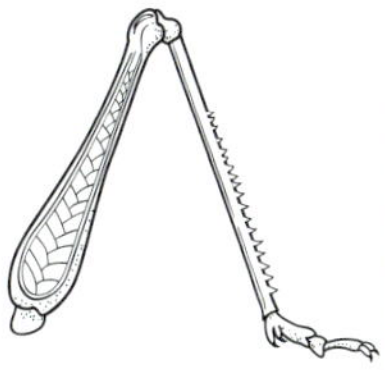	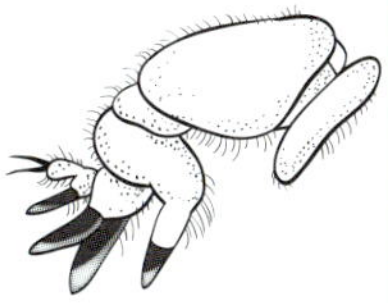	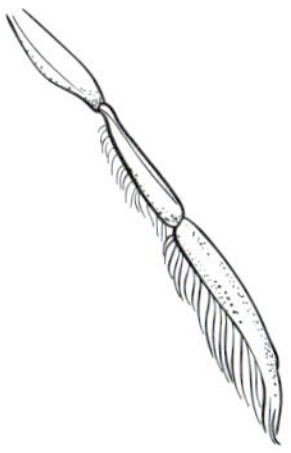	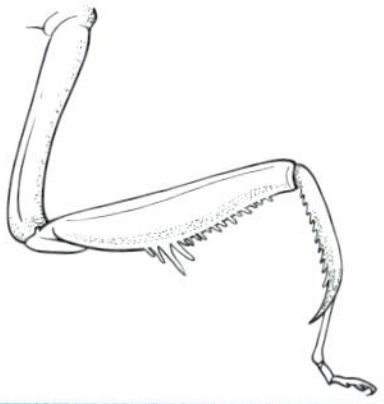
Tipo	Correr	Saltar	Excavar	Nadar	Agarrar
Ejemplos	Escarabajos terrestres	Saltamontes	Grillos topo, insectos que viven en el suelo	Escarabajos y chinches acuáticos	Mantis religiosas, escorpiones acuáticos

Las patas agarradoras de las mantis religiosas son espinosas para ayudarla a agarrar su presa mientras come.

Las patas traseras del gran escarabajo acuático tienen flecos para empujar agua como los remos de un barco.

El grillo topo tiene patas como palas que le ayudan a enterrarse.

Las patas traseras del saltamontes funcionan como catapultas. La energía almacenada en los músculos de sus patas lanza el saltamontes hacia el aire.

Abdomen

El abdomen contiene las tripas del insecto. Aquí encontrarás un corazón modificado, intestinos y órganos reproductores. En muchos animales, el sistema circulatorio lleva el oxígeno y los nutrientes a cada célula. En los insectos, el oxígeno y los nutrientes se transportan de manera separada.

La sangre de los insectos no transporta oxígeno. La sangre fluye alrededor de la tripa, donde recoge nutrientes del alimento digerido y lo lleva a las células. También se lleva los productos de desecho.

Las células de los insectos obtienen el oxígeno de una red de tráqueas. Estos tubos huecos se extienden para proporcionar oxígeno a todas las células del cuerpo de un insecto. La tráquea se conecta al aire exterior a través de aperturas en el abdomen llamadas espiráculos. Vas a localizar estas estructuras en una cucaracha gigante de Madagascar en la clase.

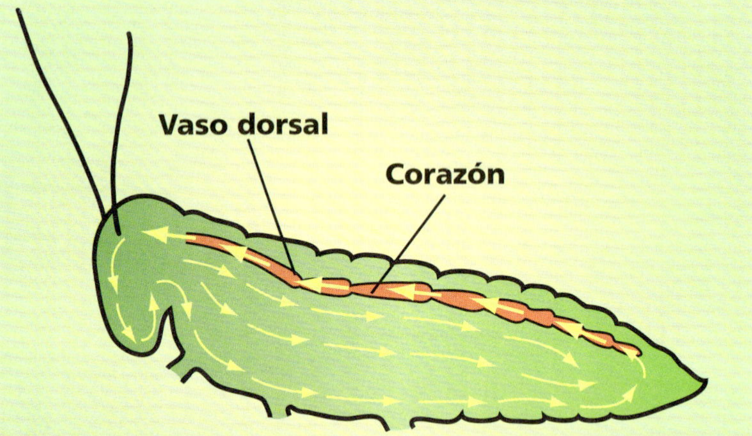

En el sistema circulatorio abierto de un insecto, la sangre circula libremente por la cavidad del cuerpo, haciendo contacto directo con tejidos y órganos.

El abdomen de una abeja es el centro de la digestión y, en los zánganos y las reinas, la reproducción. Las abejas obreras hembra también tienen un estómago de miel para transportar el néctar de vuelta a la colmena y un agujón con púas para la defensa.

Reglas de seguridad en las ciencias

1. Sigue siempre todos los procedimientos de seguridad que explica tu maestro. Sigue las instrucciones y haz preguntas si no sabes qué hacer.

2. Nunca te metas ningún material en la boca. No pruebes ningún material o sustancia química a no ser que tu maestro te lo diga.

3. Nunca huelas un material desconocido. Si tu maestro te dice que huelas algo, pasa la mano sobre el material para atraer el olor hacia tu nariz.

4. No te toques la cara, boca, orejas, ojos o nariz cuando trabajes con sustancias químicas, plantas o animales. Dile a tu maestro si tienes alguna alergia.

5. Lávate siempre las manos con jabón y agua caliente después de trabajar con sustancias químicas (incluso sustancias comunes como sal y tintes) y después de manejar materiales naturales u organismos.

6. Nunca mezcles sustancias químicas desconocidas para ver qué pasaría.

7. Protégete siempre los ojos con gafas protectoras cuando trabajes con líquidos, sustancias químicas y herramientas afiladas o en punta. Dile a tu maestro si llevas lentes de contacto.

8. Limpia inmediatamente los derrames. Informa a tu maestro de cualquier derrame, accidente o herida.

9. Trata a los animales con respeto, precaución y consideración.

10. Nunca uses el espejo de un microscopio para reflejar la luz directa del sol. La luz brillante puede provocar daños permanentes en la vista.

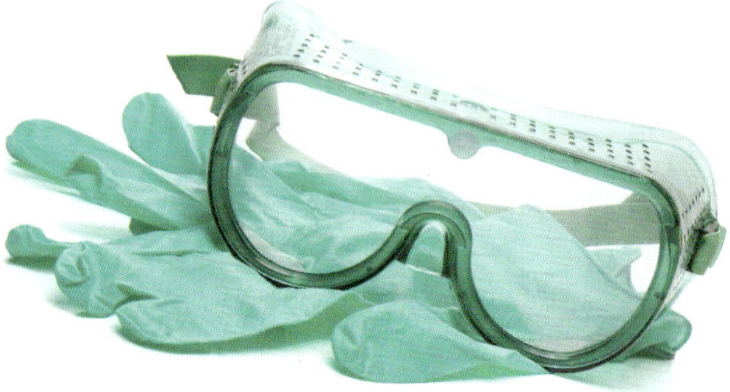

Glosario

abdomen la tercera sección del cuerpo del insecto, incluidos los órganos digestivos y reproductores y la mayoría de los sistemas circulatorio y respiratorio

abertura bucal pliegue que lleva a la vacuola alimenticia en algunas protistas

acuático que vive u ocurre en el agua

adaptación cualquier estructura o comportamiento de un organismo que le permite sobrevivir en su medio ambiente

alelo variaciones de genes que determinan los rasgos de organismos; los dos alelos correspondientes en pares de cromosomas constituyen un gen

alga protista acuática que contiene clorofila. Las algas pueden ser unicelulares o multicelulares. (Las algas verde-azuladas son realmente bacterias).

alimento sustancia que proporciona energía y nutrientes para los organismos. Los organismos usan alimento para los procesos de crecimiento, reparación y los celulares.

antibiótico medicina que puede matar muchos tipos de bacterias

arquea organismo microscópico unicelular al que le falta un núcleo y orgánulos (procariota). Las arquea tienen diferentes paredes y membranas celulares que las bacterias o los eucariotas.

átomo partícula que es el bloque de construcción básico de la materia

azúcar tipo de hidrato de carbono (compuesto químico) producido por las plantas como resultado de la fotosíntesis. Los azúcares son fuentes de energía para los organismos vivos.

bacteria organismo microscópico unicelular al que le falta un núcleo y orgánulos (procariota).

biodiversidad variedad de vida que existe en un hábitat o ecosistema particular

campo de visión círculo de luz visto a través de un microscopio

característica estructura, cualidad o comportamiento de un organismo, como el color de ojos, la altura de una planta o la época de la migración

célula unidad básica de la vida. Todos los organismos son células o están hechos de células.

célula guardián célula vegetal especializada que controla la abertura y el cierre del estoma, regulando la transpiración

célula hija célula creada durante la división celular que es una copia exacta del original

cepa subtipo genético (de una bacteria o un hongo)

cilio estructura corta como un cabello que propulsa a las protistas por su medio ambiente fluido

citoplasma todo el interior de una célula excepto el núcleo

clorofila pigmento verde en los cloroplastos que capta la energía de la luz para fabricar azúcares durante la fotosíntesis

cloroplasto orgánulo que contiene clorofila, encontrado en las células vegetales y en algunas protistas

co-evolucionar cuando dos o más especies se afectan a la evolución entre ellas

colonia grupo de organismos de la misma especie que viven juntos. Una colonia bacteriana es un grupo visible de bacterias.

comportamiento manera de actuar

cotiledón la parte blanca almidonada de la semilla de una planta con flor. El cotiledón contiene alimento para nutrir el embrión durante la germinación.

crecimiento aumento del tamaño de un organismo. El crecimiento es una característica de la vida.

cuadro de Punnett modelo matemático que predice la probabilidad de los posibles genotipos y los fenotipos resultantes de un cruce genético

cultura crecimiento de organismos en un material preparado, como bacterias en agar nutritivo o el moho del pan

cutícula cubierta cerosa sobre las hojas, que reduce la pérdida de agua a través de la evaporación

descomponedor organismo que deshace el material muero y devuelve nutrientes al suelo

desecho sólidos, líquidos o gases que no pueden usar las células de los organismos y deben sacarse de la célula

dispersión proceso de extenderse a partir de un punto de comienzo

dominante forma de un gene que se expresa como el rasgo cuando un alelo dominante está presente

ecosistema comunidad de organismos que interactúan unos con otros y con el medio ambiente no vivo

elodea planta acuática que crece en estanques de agua dulce y en arroyos de movimiento lento

embrión etapa de desarrollo inicial de una planta o un animal

energía capacidad de realizar trabajo. La mayoría de la energía usada por los organismos viene del Sol.

enzima digestiva sustancia química que descompone los alimentos

escala tamaño proporcional de una imagen magnificada comparado con el original

especie unidad de clasificación biológica que se refiere a un tipo de organismo

esperma célula sexual masculina

espiráculo abertura a un lado del abdomen de un insecto que permite el intercambio de gases

espora célula reproductora que puede dar lugar a un nuevo individuo (característica de las plantas bajas, los hongos y las protistas)

estigma punta del pistilo, a menudo pegajoso; recibe el grano de polen

estoma abertura en la superficie de las hojas que permite el intercambio de gases. Las células guardián controlan la abertura y el cierre del estoma.

estrategia de dispersión de semillas manera en que las semillas pueden viajar lejos de la planta padre, como por el viento o los animales

estructura tejido, órgano u otra formación compuesta por partes diferentes pero relacionadas

estructura celular parte de una célula con un trabajo específico que le permite a un organismo realizar las funciones vitales. (Los orgánulos son estructuras celulares).

eucariota organismo hecho de una célula o células que contiene un núcleo u orgánulos. Todas las células excepto las bacterias y las arqueas son eucariotas.

evolución cambios a los genes de una especie durante muchas generaciones al pasar los diferentes genes de los padres a la descendencia

evolucionar cambiar durante muchas generaciones al pasar los diferentes genes de los padres a la descendencia

factor genético los genes en el ADN de un organismo

factor medioambiental condición del medio ambiente que afecta lo apropiado que es para un ser vivo

fenotipo rasgos producidos por el genotipo; expresión de genes

feromona sustancia química liberada por un animal para comunicarse con o influenciar a otro organismo

fertilización unión del núcleo de una célula del óvulo con el núcleo de una célula del esperma para producir una célula que se convertirá en un nuevo organismo

filial relacionado con los hijos y las hijas

floema tejido dentro de una planta vascular que transporta alimento fabricado en las hojas a todas las partes de la planta

flor parte de una planta con flores que incluye los órganos reproductores

fotosíntesis proceso por el cual los organismos que tienen cloroplastos usan energía de la luz, dióxido de carbono y agua para fabricar azúcar

fruto ovario maduro de una planta que contiene las semillas

función actividad realizada por un órgano o parte; razón de un comportamiento

generación F_1 (primer filial) descendencia de la generación padre

generación F_2 (segundo filial) descendencia la generación F_1

generación P (padre) la primera generación de un grupo de organismos que están siendo estudiados

genética estudio de los genes y de cómo afectan los rasgos de un organismo

germinar comienzo del crecimiento y el desarrollo de una semilla

heterocigoto gen compuesto por un alelo dominante y uno recesivo

homocigoto gen compuesto de dos alelos idénticos

hongo organismo eucariota, que incluye a mohos, setas y levaduras

huevo célula sexual femenina

inferencia explicación o suposición que hace la gente basándose en sus conocimientos, experiencias u opiniones

insecto clase de animales con tres partes del cuerpo (cabeza, tórax y abdomen), seis patas y antenas

intercambio de gases característica de la vida. El intercambio de gases ocurre al nivel celular, siendo el dióxido de carbono, el oxígeno y el vapor de agua los gases intercambiados más comúnmente.

intoxicación alimentaria enfermedad resultante del consumo de alimentos contaminados o venenosos

larva etapa inmadura, sin alas y de alimentación en el ciclo de vida de muchos insectos

latente estado de actividad suspendida. Los organismos latentes están vivos pero son inactivos.

levadura hongo unicelular

lisosoma orgánulo que digiere el desecho celular en las células animales y protistas

material genético moléculas (ADN o ARN) que codifican las características de los organismos; pasado de una generación a la próxima

mecanismo de dispersión de semillas estructura o característica de una semilla que le permite recorrer distancia desde una planta padre

medio ambiente todo lo que rodea e influencia un organismo

membrana celular límite entre una célula y su medio ambiente

microorganismo organismo tan pequeño que hay que usar un microscopio para verlo

microscopio instrumento usado para ver objetos pequeños

microscopio compuesto microscopio que usa dos lentes (ocular y lente del objetivo)

mitocondria orgánulo que usa la respiración celular aeróbica para transformar la glucosa en energía utilizable para la célula. Encontrada solo en eucariotas.

molécula partícula hecha de dos o más partículas más pequeñas sujetadas por enlaces químicos

muerto que ya no está vivo

no vivo que se refiere a algo que nunca ha vivido

núcleo orgánulo que contiene material genético y regula la producción de proteína

organismo cosa viva individual, como una planta, un animal, un hongo, una bacteria, una arquea o una protista

organismo multicelular organismo hecho de más de una célula

organismo unicelular organismo formado por una célula que realiza todas las funciones de la vida; también conocido como organismo unicelular

órgano unidad estructural formada por tejidos que realiza una función en un organismo multicelular

orgánulo estructura unida a la membrana dentro de las células eucariotas que realiza funciones especializadas

ovario parte de la planta en la base del pistilo que contiene el óvulo. Tras la fertilización, el ovario se convierte en fruto.

óvulo potencial semilla encontrada dentro de los ovarios de una planta

paramecio protista ciliado que vive en agua dulce y come otros organismos diminutos

pared celular estructura semirrígida que rodea las células de plantas, hongos y bacterias

pelo de la raíz extensión de una célula cerca de la punta de la raíz que toma agua y minerales

plásmido pedazo circular de material genético (ADN)

pistilo estructura reproductora femenina dentro de una flor. Consiste en el ovario, que contiene las semillas, y el estigma.

población todos los individuos de un tipo (una especie) en un área específica un momento dado

polen diminutas partículas que contienen las células sexuales masculinas. El polen se desarrolla en las anteras.

polinización transferencia de polen de la antera (parte masculina) de una planta al estigma (parte femenina) de una planta, permitiendo la fertilización de un óvulo

polinizador organismo que transfiere polen de la antera (parte masculina) de una planta al estigma (parte femenina) de una planta

procariota organismo unicelular que no tiene núcleo u orgánulos. Todos los procariotas son bacterias o arqueas.

protista organismo eucariota, normalmente unicelular

raíz órgano subterráneo de una planta que toma agua y minerales, almacena alimento y ancla la planta

recesivo forma de un gene que solo se expresa cuando un alelo dominante no está presente

reproducción asexual la producción de descendencia genéticamente idéntica a partir de un solo padre

reproducción sexual creación de descendencia cuando el material genético de dos padres (en forma de un óvulo y un esperma) se combinan

reproducirse crear nuevos organismos individuales del mismo tipo. Algunos organismos se reproducen de manera asexual (sin dos células que se unen) y otros se reproducen sexualmente (uniendo un óvulo y células de esperma).

respiración celular aeróbica proceso por el cual los organismos convierten la glucosa en energía utilizable

respuesta reacción de un organismo a un estímulo del medio ambiente

retículo endoplásmico estructura celular encargada de producir proteínas

ribosoma estructura celular relacionada con fabricar proteínas en todas las células

salinidad cantidad de sal en el suelo o en el agua

semilla planta joven en una etapa latente o de descanso, capaz de crecer y convertirse en planta adulta

síndrome de polinización grupo de características de una flor que ha evolucionado para atraer polinizadores

sistema de órganos grupo de órganos que trabajan juntos por un propósito en un organismo multicelular

sistema vascular grupo de tubos que transportan los azúcares y el agua a todas las partes de una planta

tejido material de un organismo multicelular compuesto por células similares que trabajan juntas por un propósito en particular

tolerante a la sal característica de algunas plantas que les permite germinar y crecer en medio ambientes salados

transpiración proceso por el cual el agua fluye por las plantas, entrando por las raíces y saliendo por los estomas

tubo del polen tubo por el que viaja un esperma para fertilizar un óvulo en una planta con flor

vacuola membrana llena de fluido en el citoplasma de las células vegetales, las células de los hongos y las células protistas

vacuola contráctil orgánulo encontrado sobre todo en protistas que recoge agua extra y la expulsa de la célula

vena tubo dentro de un organismo que forma parte del sistema vascular del organismo

virus agente microscópico que puede invadir las células de los organismos y replicarse allí

vivo condición de tener vida

xilema tejido formado por células largas conectadas dentro de una planta vascular; transporta agua y minerales de las raíces a todas las células de la planta

Índice